中等职业教育国家级示范学校校企合作建设成果

机械零件数控车床

加工项目式教程

主　编　项旭东　汪佑思

副主编　罗志鹏　张　炜　彭伟婷

華中科技大學出版社

http://www.hustp.com

中国·武汉

内容简介

本书为贯彻执行《国家职业教育改革实施方案》，推行工学结合、学做一体的教学方式，从培养实用型、技能型、技术应用型人才出发，以企业数控车加工实际生产工艺流程为标准，以贴近企业岗位能力为核心的思路进行编写。

本书采用8个典型机械零件数控车削加工项目，以实际生产加工过程为主线，以具体的工作任务为驱动，引导学习者系统掌握数控加工工艺方案的制定、刀具选择、程序编制、机床操作及零件检测的方法。

本书适合全日制普通中专、职业高中、中等职业学校、技工学校的机械、数控类教学使用，也可供有关工程技术人员自学与参考。

图书在版编目(CIP)数据

机械零件数控车床加工项目式教程/项旭东，汪佑思主编．—武汉：华中科技大学出版社，2019.9
ISBN 978-7-5680-5772-1

Ⅰ.①机… Ⅱ.①项… ②汪… Ⅲ.①机械元件-数控机床-车床-加工-教材 Ⅳ.①TH13 ②TG519.1

中国版本图书馆CIP数据核字(2019)第219619号

机械零件数控车床加工项目式教程
Jixie Lingjian Shukong Chechuang Jiagong Xiangmushi Jiaocheng

项旭东　汪佑思　主编

策划编辑：王红梅
责任编辑：王红梅
封面设计：秦　茹
责任校对：刘　竣
责任监印：徐　露
出版发行：华中科技大学出版社(中国·武汉)　电话：(027)81321913
　　　　　武汉市东湖新技术开发区华工科技园　邮编：430223
录　　排：武汉市洪山区佳年华文印部
印　　刷：武汉邮科印务有限公司
开　　本：787mm×1092mm　1/16
印　　张：7.5
字　　数：189千字
版　　次：2019年9月第1版第1次印刷
定　　价：24.80元

前言

为贯彻执行《国家职业教育改革实施方案》，推行工学结合、学做一体的教学方法，加强精品课程的建设，作者采用以企业数控车加工实际生产工艺流程为标准，以贴近企业岗位能力为核心的编写思路，选用企业加工实际案例进行知识呈现，努力做到系统性、实用性和全面性。

在编写过程中，结合企业生产与实际教学的需要，每个项目由工作任务、相关知识、工艺准备、任务实施、考核评价、任务拓展及练习巩固训练等环节组成。本书从生产实际出发，注重知识与技能的结合，着重提高学生的学习能力以及分析问题和解决问题的综合能力，突出了实用的特点，内容通俗易懂。

本书具有以下特点。

(1) 任务明确。使学生在学习前能明确目标，从而在后面的学习中做到心中有数。

(2) 整体结构循序渐进，逐步深入。根据平时学习中接受知识和理解知识的思维习惯，对相关任务实例进行有针对性的归类，由浅入深，由易到难地讲解加工实例的工艺分析与程序编制，把专业知识和专业技能有机地融合为一体，让学生更容易学习，从而提高学习效率。

(3) 实例经典。本书的每一个教学任务均具代表性,将应知应会知识融入大量的实例操作中,突出工艺分析和编程操作技能的培养。

本书由广州市黄埔职业技术学校的项旭东、汪佑思主编,罗志鹏、张炜、彭伟婷担任副主编。具体分工如下:项目一、项目二、项目四由项旭东编写,项目三、项目五、项目六由汪佑思编写,项目七由罗志鹏编写,项目八由张炜、彭伟婷编写。本书在编写过程得到了编者所在单位的领导及相关老师的大力支持,在此表示感谢。

由于编者水平有限,书中难免存在错漏和不当之处,恳请同行专家和读者批评指正,请将反馈意见发至邮箱 wangyousi@163.com。

编　者

2019 年 8 月

目　录

项目一

台阶轴零件加工

本项目通过讲解台阶轴零件的数控车削加工，让读者初步熟悉数控车加工编程工艺分析及制定流程，能根据技术要求制定台阶轴零件的加工工艺，应用单一循环编程指令针对台阶、锥度台阶类零件进行正确的程序编制，操作数控机床完成加工，并有效进行质量控制。

任务引入

加工如图 1-1 所示的零件，毛坯尺寸为 ϕ40 mm×50 mm，材料为 45 钢，单件，试编写数控加工程序并进行加工。

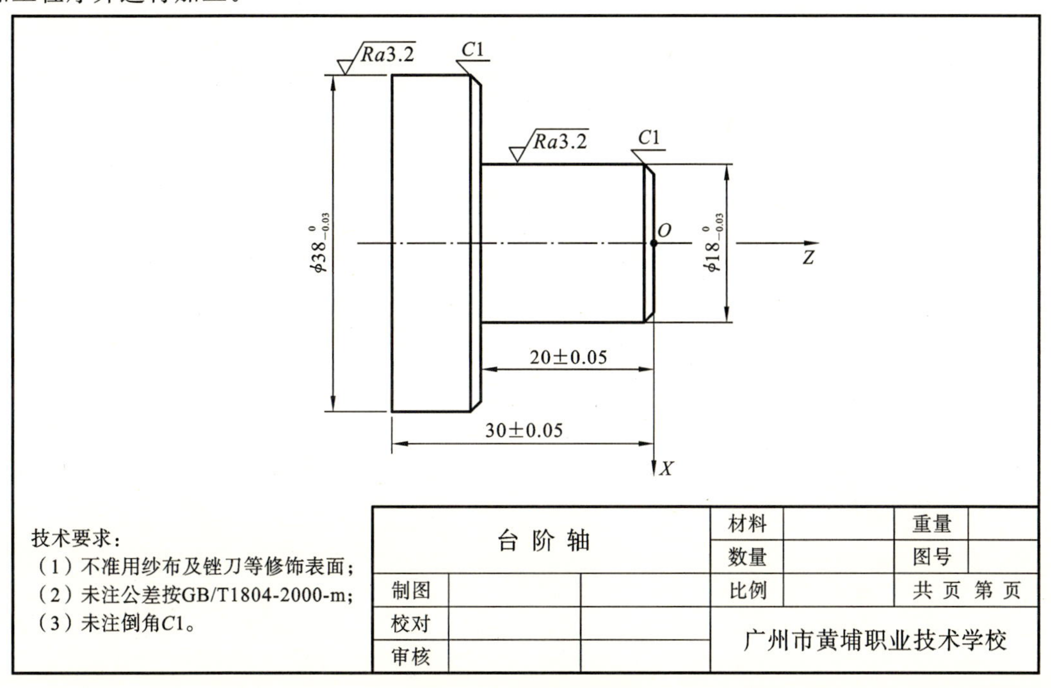

图 1-1　台阶轴零件图样

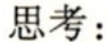

思考：

接到加工任务书后，我们需要做些什么？从什么地方开始？如何开始加工？

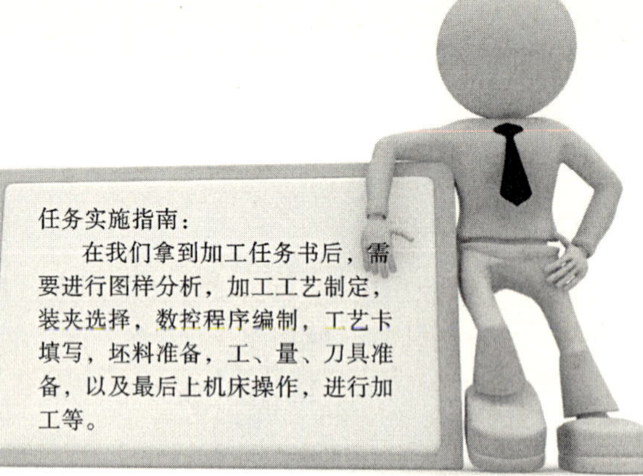

任务实施

步骤一 加工工艺制定

知识扩展：工艺制定包括如下内容。

（1）分析被加工零件图样，明确加工内容及技术要求，在此基础上确定加工方案，制定加工工艺路线，如工序的划分、加工工序的安排、与传统加工工序的衔接等。

（2）选择适合在数控机床上加工的零件，确定工序内容。

（3）设计加工工序，如工步的划分，零件的定位与夹具、刀具的选择，切削用量等。

（4）编制数控加工程序，确定对刀点、换刀点的选择，设置正确的加工路线，设置合理的刀具补偿。

1）零件图样工艺分析

图 1-1 为台阶轴零件图样，该零件需加工尺寸为 ϕ18 mm×20 mm 和 ϕ38 mm×10 mm 的两个台阶外圆，以及两个 C1 的倒角，同时需保证零件总长度为 30 mm。该零件尺寸标注完整，轮廓清晰，材料为 45 钢，无热处理及硬度要求。

通过上述分析，拟采取的工艺措施如下。

(1) 对于图样上给定的尺寸，编程时取其基本的尺寸。

(2) 为了便于确定总长度，夹持左端面，并确定伸出长度大于 35 mm，加工右端面尺寸为 ϕ18 mm×20 mm 和 ϕ38 mm×10 mm 的两个台阶外圆及两个 C1 的倒角。

2）设备选择

根据零件图样要求，选用经济型数控车床即可达到要求，故选用 CK0630 型数控卧式直床身车床。

3）定位基准与装夹方式确定

(1) 定位基准：以坯料轴线及左端面为定位基准。

(2) 装夹方式：采用三爪自定心卡盘定心夹紧。

4）加工工序及路线规划

加工工序按由粗到精、由近到远、由右到左的原则确定，即先从右到左进行粗车，预留一定的余量后进行精车。具体加工路线如下。

(1) 粗车 ϕ18 mm、ϕ38 mm 两个外圆，径向留 0.3 mm 余量，轴向留 0.1 mm 余量。

(2) 精车 ϕ18 mm、ϕ38 mm 两个外圆至尺寸要求，并倒角。

(3) 检查各尺寸精度，切断工件。

(4) 调头平端面，保证总长。

5）刀具选择及切削用量选择

根据加工工序及加工路线规划，结合零件特征及尺寸要求，其刀具及切削用量选用如表 1-1 所示。

表 1-1　数控加工刀具卡

刀具号	刀具名称	数量	加工内容	主轴转速 /(r/min)	进给量 /(mm/r)	背吃刀量 /mm
T0101	90°外圆粗车刀	1	粗车外圆	600	0.3	2.0
T0202	90°外圆精车刀	1	精车外圆	1000	0.1	0.3
T0303	3 mm 切断刀	1	切断工件	400	0.1	2.0

6）工件坐标系、对刀点、换刀点确定

以工件右端面与轴心线的交点 O 为加工原点，建立工件坐标系。采用手动试切对刀法，以 O 点作为对刀点。换刀点设置在坐标系安全位置即可。

7）数控加工工艺卡填写

数控加工工艺卡是编程加工程序的主要依据，也是操作人员进行数控加工的指导性文件，综合以上分析，工序卡中需填写的内容有工步号、工步内容、各工步所用的刀具及切削用量等参数，具体如表 1-2 所示。

表 1-2 数控加工工艺卡

数控加工工艺卡			产品名称/代号		零件名称	零件图号
					台阶轴	1-1
工序号	使用设备	夹具名称	车间		毛坯类型/尺寸	
001	数控车床	三爪卡盘	数控实训中心		45 钢，圆棒，ϕ40 mm×50 mm	
工步号	工步内容	刀具号	主轴转速/(r/min)	进给量/(mm/r)	背吃刀量/mm	备注
1	粗加工 ϕ18 mm、ϕ38 mm 外圆	T0101	600	0.3	2.0	
2	精加工 ϕ18 mm、ϕ38 mm 外圆	T0202	1000	0.1	0.3	
3	切断工件	T0303	400	0.1	2.0	
4						
5						
编制：	审核：	批准：		年 月 日	共 页第 页	

步骤二 程序编制

编制数控加工程序，如表 1-3 所示。

表 1-3 数控加工程序

程序	说明
O0001	程序名
N0010 G99	确认进给量的单位为 mm/r
N0020 M03 S600	主轴正转，转速为 600 r/min
N0030 T0101	选用 1 号刀，执行 1 号刀补
N0040 G00 X42 Z3	快速接近毛坯，切削起点定位
N0050 G90 X40 Z−35 F0.3	粗车外圆，单边切削 2 mm
N0060 X38.3	径向预留精加工余量 0.3 mm
N0070 G00 X40 Z3	快速接近毛坯，切削起点定位
N0080 G90 X34 Z−20 F0.3	粗车外圆，单边切削 2 mm
N0090 X30	粗车外圆，单边切削 2 mm
N0100 X26	粗车外圆，单边切削 2 mm
N0110 X22	粗车外圆，单边切削 2 mm

续表

程　　序	说　　明
N0120 X18.3	径向预留精加工余量 0.3 mm
N0130 G00 X100 Z100	快速退刀，回到换刀点
N0140 M05	主轴停转
N0150 M00	程序暂停
N0160 T0202 M03 S1000	换 2 号精车刀，执行 2 号刀补，主轴正转，转速为 1000 r/min
N0190 G00 X42 Z3	精车定位
N0200 G00 X0	快速移动到轴向零点
N0210 G01 Z0 F0.1	车到径向零点
N0220 X16	倒角起点
N0230 X18 Z−1	倒角
N0240 Z−20	车第一个台阶，长度为 20 mm
N0250 X36	倒角起点
N0260 X38 Z−21	倒角
N0270 Z−35	车第二个台阶，长度为 30 mm，预留 5 mm 用于切断
N0280 X42	退出工件
N0290 G00 X100 Z100	快速退刀，回到换刀点
N0300 T0303 M03 S400	换 3 号刀，执行 3 号刀补，主轴正转，转速为 400 r/min
N0310 G00 X42 Z−34	切断刀左刀尖对刀加刀宽 4 mm，定位到工件总长度
N0320 G01 X0 F0.1	切断工件，退刀 1 mm
N0330 G00 X100 Z100	快速退刀，回到换刀点
N0340 M05	主轴停转
N0350 T0100	换回 1 号刀并取消刀补
N0360 M30	程序结束，系统复位

步骤三　计算机软件模拟仿真验证

开启专用模拟仿真软件，设置对应的数控车床，安装相应刀具；设置好加工原点，对好刀具，输入数控程序，进行虚拟仿真加工；对工艺、加工路线、程序进行检验，并根据检验结果，适当调整工艺参数，直至最优方案确定，以保证实操加工的可靠性。

步骤四　零件加工

1）数控程序输入

在 MDI 模式下，通过面板将经过验证的加工程序输入到数控系统中，并检查输入的正误。

2）对刀

(1) 正确装夹坯料，确定装夹牢靠、坯料伸出长度以满足加工需要。

(2) MDI 模式下，输入 M03 S600，启动主轴转动。

(3) X 轴方向对刀：使用试切对刀法，采用手轮/手动操作模式，试切外圆，并测量外圆直径，记录参数，输入数值至 01 号偏置相应位置处，完成 X 轴方向对刀。

(4) Z 轴方向对刀：手轮/手动模式下，车削端面，测量工件长度，在 01 号偏置相应位置处输入数据，完成 Z 轴方向对刀。

3) 加工与质量控制

调取相应的数控程序，关闭机床防护门，做好相应的安全措施，启动机床，进行粗车加工；粗车加工完成后，测量零件尺寸，并修正偏差值；继续加工，直至零件尺寸符合图样要求。

知识链接

1. 快速插补指令 G00

(1) 用途：使刀具从刀具所在位置快速移动到目标位置。

(2) 指令格式：

```
N4 G00 X(U)±×× Z(W)±××;
```

(3) 指令格式说明如表 1-4 所示。

表 1-4　指令格式说明

X、Z：分别为直径 X 方向和轴向 Z 方向终点的绝对坐标值
U、W：分别为直径 X 方向和轴向 Z 方向从起点到终点距离的增量坐标值
××：表示具体的数值(在使用中，约定在小数点前有四位阿拉伯数字，小数点后有三位阿拉伯数字)
G00 可以简写成 G0

2. 直线插补指令 G01

(1) 用途：用于直线或斜线运动。

(2) 指令格式：

```
N4 G01 X(U)±×× Z(W)±×× F××;
```

(3) 指令格式说明如表 1-5 所示。

表 1-5　指令格式说明

X、Z：分别为直径 X 方向和轴向 Z 方向终点的绝对坐标值
U、W：分别为直径 X 方向和轴向 Z 方向从起点到终点距离的增量坐标值
F：为进给速度
××：表示在小数点前有四位阿拉伯数字，小数点后有三位阿拉伯数字

注意事项：G00、G01 属于同一组指令，在一个程序段中只能出现一个指令。当这两个指令同时出现在同一个程序段中时，以后面的一个为准，或机床报警。

3. 单一轴向切削循环指令 G90(华中数控为 G80)

G90 指令的格式分为单一轴向车削台阶圆柱体和单一轴向车削圆锥体两种。

1) 单一轴向车削台阶圆柱体指令 G90

(1) 用途：主要应用于铸造、锻造工件及轧制圆棒轴类零件的外圆、锥面的粗加工。

(2) 指令格式：

```
N4 G90 X(U)±×× Z(W)±×× F××;
```

(3) 指令格式说明如表 1-6 所示。

表 1-6　指令格式说明

X、Z：为圆柱面切削终点的坐标值
U、W：为圆柱面切削终点相对循环起点的坐标分量（X、Z 方向的增量坐标值）
F：为进给速度

(4) 单一轴向车削台阶圆柱体指令 G90 的循环轨迹如图 1-2 所示。

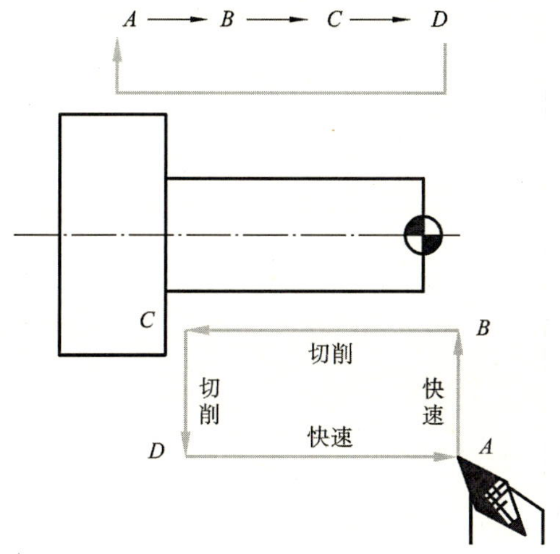

图 1-2　G90 循环轨迹图

(5) 举例：如图 1-3 所示的零件加工图中，毛坯直径为 50 mm，车削直径为 44 mm、长为 80 mm 的外圆。已知背吃刀量为 1 mm，直径方向的余量为 1 mm，轴向余量为 0.5 mm，试编程。

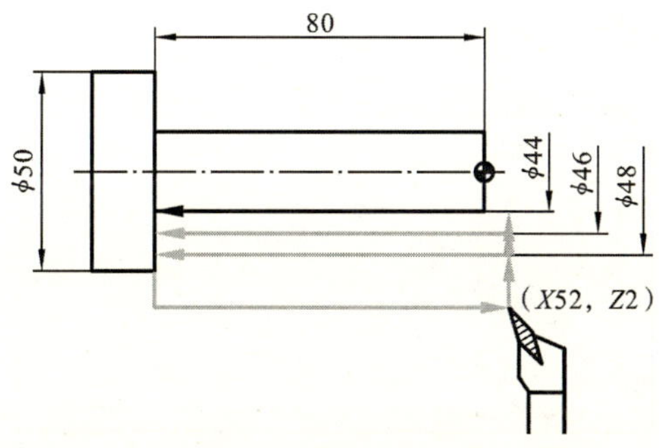

图 1-3　零件加工图

编写程序如表 1-7 所示(前面工艺省略)。

表 1-7　数控加工程序

程　　序	说　　明
O1000	程序名
N1010 M03 S500	主轴正传,500 r/min
N1020 T0101	选用 1 号刀,第一组刀补
N1030 G00 X52.0 Z2.0	快速定位到循环起点
N1040 G90 X48.0 Z−79.5 F80	固定循环 G90 切削第一刀
N1050 X46.0	固定循环 G90 切削第二刀
N1060 X45.0	固定循环 G90 切削第三刀
N1070 G00 X100.0 Z100.0	退刀
N1080 M05 T0100	主轴停转,取消刀补
N1090 M30	程序结束,系统复位

2）单一轴向车削圆锥体指令 G90

(1) 指令格式:

N4 G90 X(U)±×× Z(W)±×× R±×× F××;

(2) 指令格式说明如表 1-8 所示。

表 1-8　指令格式说明

X、Z:为圆柱面切削终点的坐标值
U、W:为圆柱面切削终点相对循环起点的坐标分量(X、Z 方向的增量坐标值)
F:为进给速度
R:为圆锥面切削起始点与圆锥面切削终点的半径差(圆锥面切削起始点的半径减去圆锥面切削终点的半径),有正负号

(3) 单一轴向车削圆锥体指令 G90 的循环轨迹如图 1-4 所示。

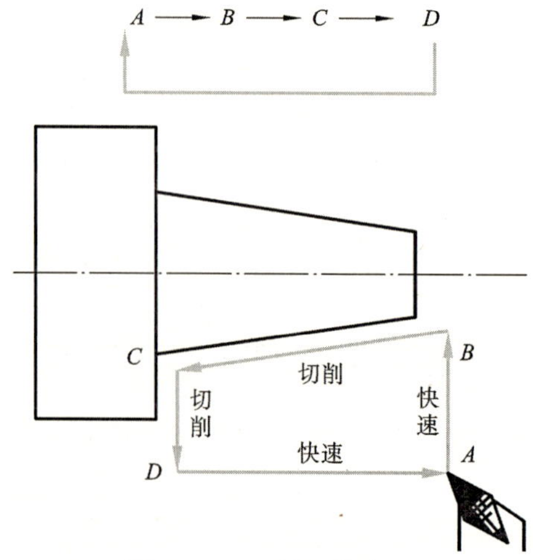

图 1-4　G90 循环轨迹图

(4)举例:如图 1-5 所示,毛坯直径为 60 mm,车削圆锥,背吃刀量为 1 mm,试编程。

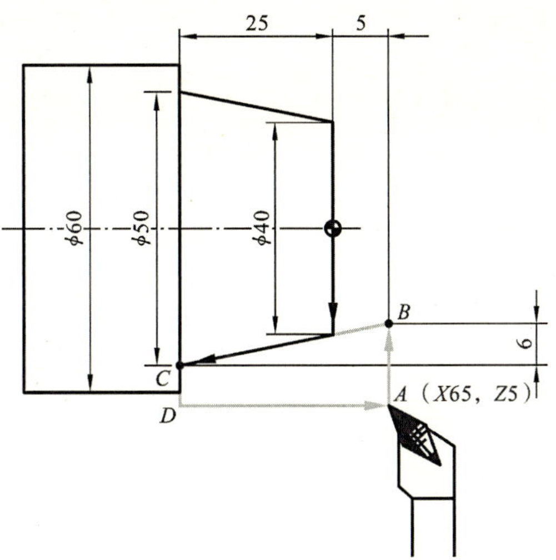

图 1-5　车削圆锥轨迹图

① R 值的计算:循环定位点坐标为 A(X65.0,Z5.0),B 点坐标为(X38.0,Z5.0),已知 C 点坐标为(X50.0,Z−25.0),则 R=(38−50)/2=−6.0。

② 编写程序如表 1-9 所示。

表 1-9　数控加工程序

程　　序	说　　明
O1000	程序名
N1010 M03 S500	主轴正转,500 r/min
N1020 T0101	选择 1 号刀,第一组刀补
N1030 G00 X65.0 Z5.0	快速定位到循环起点
N1040 G90 X65.0 Z−25.0 R−6.0 F0.2	固定循环 G90 切削圆锥第一刀,背吃刀量 1 mm
N1050 X60.0	切削圆锥第二刀
N1060 X55.0	切削圆锥第三刀
N1070 X50.0	切削圆锥第四刀
N1080 G00 X100.0 Z100.0	退刀
N1090 M05 T0100	主轴停转,取消刀补
N1100 M30	程序结束,系统复位

3) 华中数控系统内(外)径切削循环指令 G80

(1) 圆柱面内(外)径切削循环指令 G80 格式:

```
N4 G80 X(U)±×× Z(W)±×× F××;
```

（2）圆锥面内(外)径切削循环指令 G80 格式：

```
N4 G80 X(U)±×× Z(W)±×× I±×× F××;
```

（3）指令格式说明如表 1-10 所示。

表 1-10 指令格式说明

X、Z：为圆柱面切削终点的坐标值
U、W：为圆柱面切削终点相对循环起点的坐标分量（X、Z 方向的增量坐标值）
F：为进给速度
I：为圆锥面切削起始点与圆锥面切削终点的半径差（圆锥面切削起始点的半径减去圆锥面切削终点的半径），有正负号 I 等同于 FANUC 系统 G90 格式二指令中的 R
其他的与 FANUC 系统 G90 指令中的相同

任务拓展

加工如图 1-6 所示的零件，毛坯尺寸为 ϕ40 mm×65 mm，材质为 45 钢，试编程并加工。

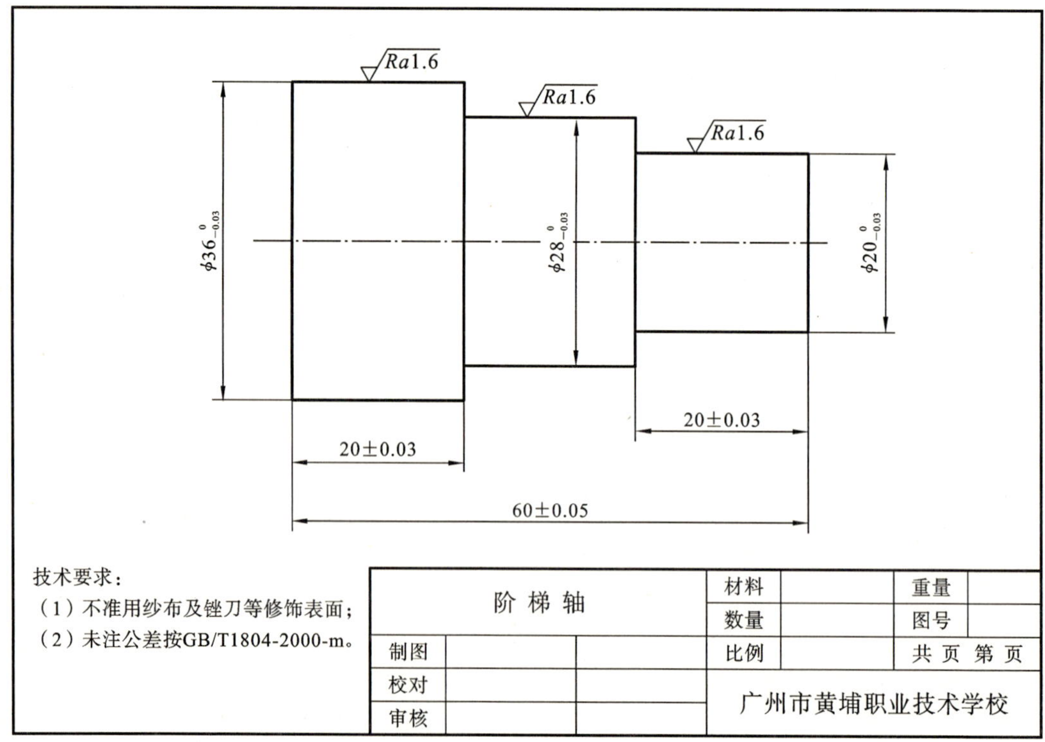

图 1-6 阶梯轴零件图样

拓展任务评分表如表 1-11 所示。

表 1-11　评分表

第________组________号机床　　日期：________年______月______日　　星期：____第________节

工种	数控车工				姓名				总分			
加工时间	开始：　月　日　时　分　　结束：　月　日　时　分								实际操作时间			
序号	工件技术要求	配分	精度等级	量具	学生自测评分			教师测评			单项综合得分	
					实测尺寸	得分	扣分	实测尺寸	得分	扣分		
1			按照 GB/T 1804-2000-m	测量范围 0～150 mm，精度 0.02 mm 游标卡尺，圆弧倒角量规，粗糙度样板								
2												
3												
4												
5												
6												
7												
8												
9												
10												
11												
扣分说明	(1) 尺寸扣分标准：超出公差值的四分之一数值段，扣配分的一半分数；超出公差值的二分之一数值段，该尺寸的配分为 0。每个表面的表面粗糙度 *Ra* 分配 1 分，不合格即扣 1 分。 (2) 操作过程中出现违反数控车工操作安全要求的现象，立即取消实习资格，经过安全教育后才能继续实习。有事故苗头者或出现事故者(撞刀、撞机床、物品飞出等)立即停止操作，查明原因后再决定是否允许开展后续实习。 (3) 安全文明生产标准：工、量、刃、洁具摆放整齐，机床卫生，良好的礼节礼貌等。 (4) 综合得分：剔除偶然因素，一般以教师和学生的测评分数之和的二分之一为综合得分。如果师生的评分相差太大，应找出正确的一方，以正确一方的评分为主。 (5) 作业分数：以实际批改的为准。											

巩固训练

加工如图 1-7 和图 1-8 所示的零件，毛坯尺寸为 ϕ40 mm×45 mm，材质为 45 钢。注意分析工件的形状特点，制定加工工艺，选择合理的切削速度，编写数控加工程序并进行模拟仿真加工。

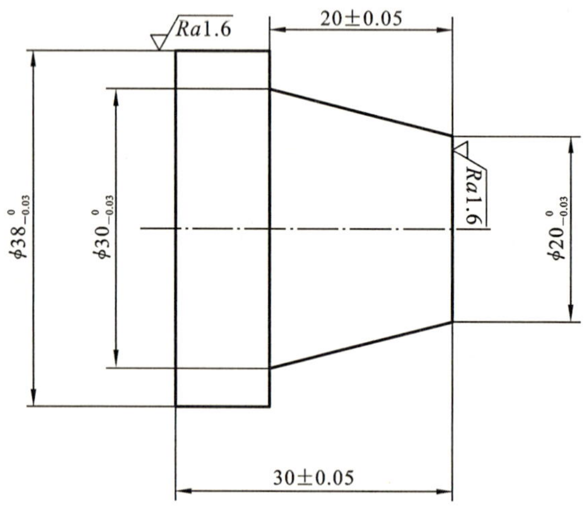

Ra1.6
20±0.05
$\phi 38^{0}_{-0.03}$
$\phi 30^{0}_{-0.03}$
Ra1.6
$\phi 20^{0}_{-0.03}$
30±0.05

技术要求：
（1）不准用纱布及锉刀等修饰表面；
（2）未注公差按GB/T1804-2000-m。

锥轴			材料		重量	
			数量		图号	
制图			比例		共 页 第 页	
校对			广州市黄埔职业技术学校			
审核						

图 1-7　锥轴零件图样

25
Ra1.6
12
Ra1.6
ϕ48 0 −0.03
ϕ12 0 −0.03
ϕ28 0 −0.03
6±0.03
技术要求：
（1）不准用纱布及锉刀等修饰表面；
（2）未注公差按GB/T1804-2000-m；
（3）未注倒角C2。
阶 梯 轴
材料
重量
数量
图号
制图
比例
共 页 第 页
校对
广州市黄埔职业技术学校

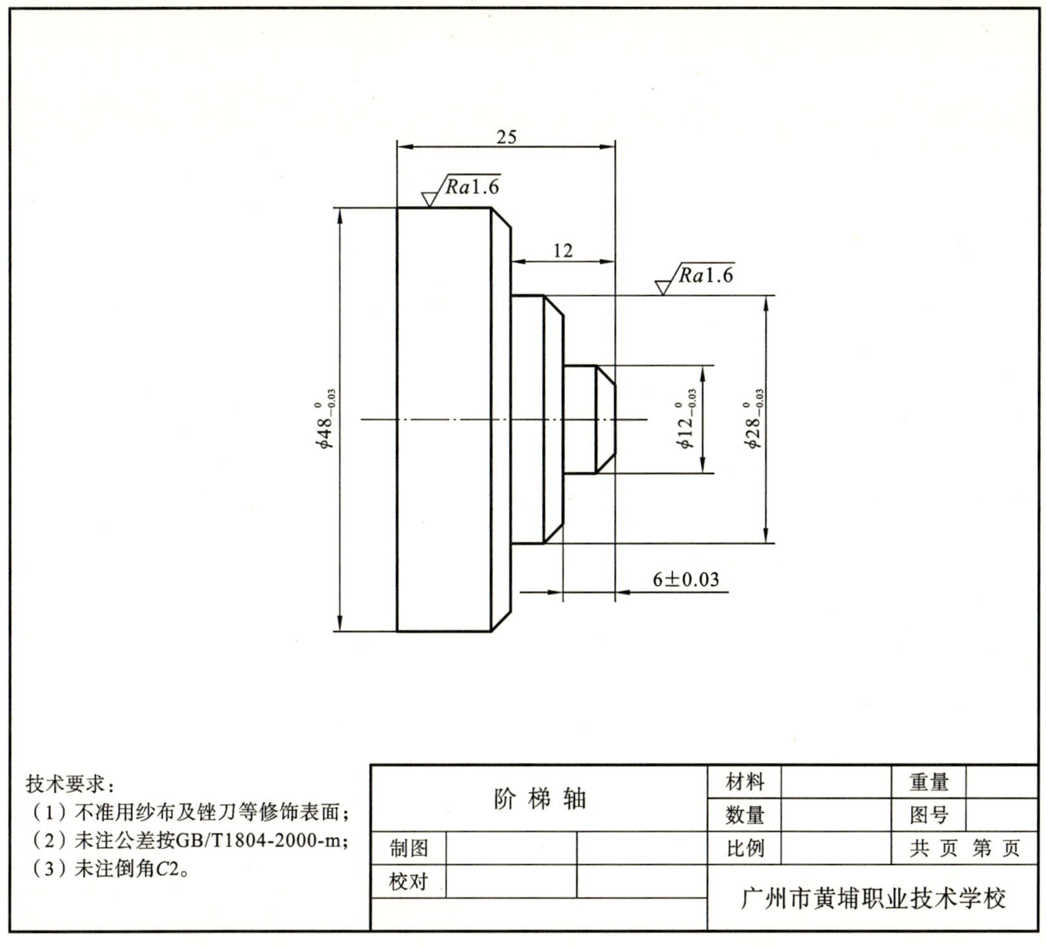

图 1-8　阶梯轴零件图样

项目二

U 形轴零件加工

本项目通过讲解 U 形轴零件的数控车削加工，让读者进一步熟悉数控车加工编程工艺分析及制定流程，能根据技术要求制定 U 形轴零件的加工工艺，掌握圆弧插补指令 G02、G03 的格式，应用圆弧零件加工的编程方法及封闭切削循环编程指令对此类零件进行正确的程序编制，操作数控机床完成加工，并有效进行质量控制。

任务引入

加工如图 2-1 所示的零件，毛坯尺寸为 $\phi40$ mm×60 mm，材料为 45 钢，圆棒，单件，试编写其数控加工程序并进行加工。

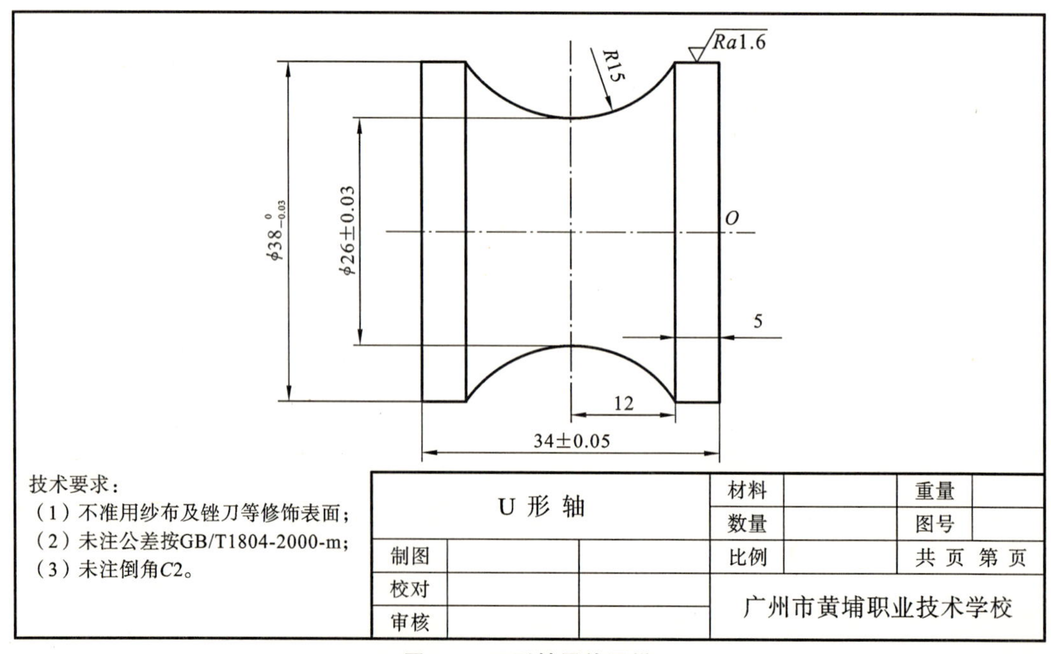

图 2-1　U 形轴零件图样

任务实施

步骤一　加工工艺制定

1）零件图样工艺分析

图 2-1 所示的零件为外圆 U 形零件，含有两个 ϕ38 mm 外圆和一个 R15 mm 圆弧，同时还需控制 34 mm 的长度，锐边倒棱。表面粗糙度值为 Ra1.6 μm，材料为 45 钢，无热处理及硬度要求。其尺寸标注完整，轮廓清晰。

通过上述分析，拟采取的工艺措施为：

(1) 对于图样上给定的尺寸，编程时取其基本的尺寸；

(2) 夹持毛坯，并确定毛坯伸出长度大于 40 mm，加工右端面两个 ϕ38 mm 外圆和 R15 mm 圆弧以及锐边倒棱，然后切断并夹持右端面两个 ϕ38 mm 外圆，车左端面保证总长。为了便于确定总长，切断时应预留 1 mm 左右余量。

2）设备选择

根据零件图样要求，选用经济型数控车床即可达到要求，故选用 CK0630 型数控卧式直床身车床。

3）定位基准与装夹方式确定

(1) 定位基准：以坯料轴线及左端面为定位基准。

(2) 装夹方式：采用三爪自定心卡盘定心夹紧。

4）加工工序及路线规划

加工工序按由粗到精、由近到远、由右到左的原则确定，即先从右到左进行粗车，预留一定的余量后进行精车。具体加工路线如下。

(1) 粗车 ϕ38 mm 两个外圆及倒 U 形外圆，径向留 0.3 mm 余量，轴向留 0.1 mm 余量。

(2) 精车 ϕ38 mm 两个外圆及倒 U 形外圆至尺寸要求，并倒棱。

(3) 检查各尺寸精度，切断工件。

(4) 调头平端面，保证总长。

5）刀具选择及切削用量选择

根据加工工序及加工路线规划，结合零件特征及尺寸要求，其刀具及切削用量选用如表 2-1 所示。

表 2-1　数控加工刀具卡

刀具号	刀具名称	数量	加工内容	主轴转速 /(r/min)	进给量 /(mm/r)	背吃刀量 /mm
T0101	90°外圆半精车刀	1	粗、精车外圆	600	0.3	2.0
T0202	90°外圆精尖刀	1	粗、精车 U 形圆弧	1000	0.1	0.3
T0303	3 mm 切断刀	1	切断工件	400	0.1	1.0

6）工件坐标系、对刀点、换刀点确定

以工件右端面与轴心线的交点 O 为加工原点，建立工件坐标系。采用手动试切对刀法，以 O 点作为对刀点。换刀点设置在坐标系安全位置即可。

7）数控加工工艺卡填写

数控加工工艺卡是编程加工程序的主要依据，也是操作人员进行数控加工的指导性文件，工序卡中需填写的内容有工步号、工步内容、各工步所用的刀具及切削用量等参数，具体如表 2-2 所示。

表 2-2 数控加工工艺卡

数控加工工艺卡		产品名称 /代号		零件名称		零件图号
				U 形轴		2-1
工序号	使用设备	夹具名称	车间	毛坯类型 /尺寸		
001	数控车床	三爪卡盘	数控实训中心	45 钢，圆棒，ϕ40 mm×60 mm		
工步号	工步内容	刀具号	主轴转速 /(r/min)	进给量 /(mm/r)	背吃刀量 /mm	备注
1	粗加工 ϕ38 mm 外圆	T0101	600	0.3	2.0	自动
2	精加工 ϕ38 mm 外圆	T0101	600	0.3	0.3	自动
3	粗加工 R15 mm、U 形圆弧	T0202	1000	0.1	2.0	自动
4	精加工 R15 mm、U 形圆弧	T0202	1000	0.1	0.3	自动
5	切断工件	T0303	400	0.1	2.0	自动
6	掉头平端面	T0101	600	—	—	手动
7						
8						
编制：	审核：	批准：		年 月 日		共 页第 页

步骤二 程序编制

编制数控加工程序，如表 2-3 所示。

表 2-3 数控加工程序

程　序	说　明
O0001	程序名
N0010 G99	确认进给量的单位为 mm/r
N0020 M03 S600	主轴正转，转速为 600 r/min
N0030 T0202	选用 2 号刀，执行 2 号刀补
N0040 G00 X42 Z3	快速接近毛坯，切削起点定位
N0050 G73 U8 W0 R0.004	粗车外圆，背吃刀量 2 mm，分切次数 4 次
N0060 G73 P1 Q2 U0.3 W0.1 F0.3	径向预留精加工余量 0.3 mm，轴向预留精加工余量 0.1 mm
N0070 N1 G00 X0	刀具快速移向径向零点
N0080 G01 Z0	刀具车向轴向零点
N0090 X37	车向第一个倒角起点
N0100 X38 Z−0.5	锐边倒棱
N0110 Z−5	车 ϕ38 mm 外圆
N0120 G02 X38 Z−29 R15	加工 U 形外圆，半径为 15 mm
N0130 N2 G01 Z−38	精车工件
N0140 G00 X100 Z100	快速退刀，回到换刀点
N0150 M05	主轴停转
N0160 M00	程序暂停
N0170 G00 X42 Z3	快速接近毛坯，切削起点定位
N0180 G70 P1 Q2 F0.1	精车工件
N0190 G00 X100 Z100	快速退刀，回到换刀点
N0200 M05	主轴停转
N0210 M00	程序暂停
N0220 T0303 M03 S400	换 3 号切断刀，主轴正转，转速为 400 r/min
N0230 G00 X42 Z−38	定位
N0240 G01 X0 F0.1	切断工件
N0250 G00 X100 Z100	快速退刀，回到换刀点
N0260 M05	主轴停转
N0270 T0100	换回 1 号刀并取消刀偏
N0280 M30	程序结束，系统复位

步骤三 计算机软件模拟仿真验证

开启专用模拟仿真软件，设置对应的数控车床，安装相应刀具；设置好加工原点，对好刀具，输入数控程序，进行虚拟仿真加工；对工艺、加工路线、程序进行检验，并根据检验结果，适当调整工艺参数，直至最优方案确定，以保证实操加工的可靠性。

步骤四 零件加工

1）数控程序输入

在MDI模式下，通过面板将经过验证的加工程序输入到数控系统中，并检查输入的正误。

2）对刀

（1）正确装夹坯料，确定装夹牢靠、坯料伸出长度以满足加工需要。

（2）MDI模式下，输入M03 S600，启动主轴转动。

（3）*X*轴方向对刀：使用试切对刀法，采用手轮/手动操作模式，试切外圆，并测量外圆直径，记录参数，输入数值至01号偏置相应位置处，完成*X*轴方向对刀。

（4）*Z*轴方向对刀：手轮/手动模式下，车削端面，测量工件长度，在01号偏置相应位置处输入数据，完成*Z*轴方向对刀。

3）加工与质量控制

调取相应的数控程序，关闭机床防护门，做好相应的安全措施，启动机床，进行粗车加工；粗车加工完成后，测量零件尺寸，并修正偏差值；继续加工，直至零件尺寸符合图样要求。

知识链接

1. 圆弧插补指令G02、G03

（1）顺时针圆弧插补指令G02、逆时针圆弧插补指令G03的指令格式：

```
N4 G02/G03 X(U)±×× Z(W)±×× I±×× K±×× F××;
```

或

```
N4 G02/G03 X(U)±×× Z(W)±×× R±×× F××;
```

（2）G02/G03指令格式说明如表2-4所示。

表2-4 指令格式说明

X、Z：分别为直径*X*方向和轴向*Z*方向终点的绝对坐标值
U、W：分别为直径*X*方向和轴向*Z*方向从终点到起点距离的增量坐标值
F：为进给速度
××：表示具体数值（在使用中，约定在小数点前有四位阿拉伯数字，小数点后有三位阿拉伯数字）
I、K：从圆弧起点到圆心的*X*、*Z*轴方向的距离，即圆心的同向坐标减去圆弧起点的同向坐标，在编程中可以加工超过180°的圆弧
R：用半径*R*指定，有正负号，在编程中可以加工不大于180°的圆弧
G02/G03可以简写成G2/G3

（3）圆弧插补指令G02、G03的方向如图2-2所示。

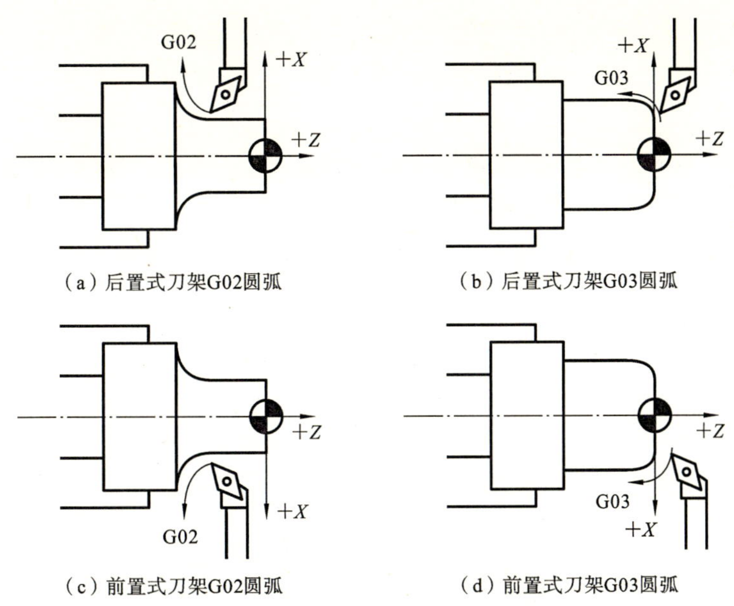

（a）后置式刀架G02圆弧　（b）后置式刀架G03圆弧

（c）前置式刀架G02圆弧　（d）前置式刀架G03圆弧

图 2-2　圆弧插补指令 G02、G03 的方向

2. 封闭切削循环指令 G73

（1）指令格式：

```
G73 U(ΔI)±×× W(ΔK)±×× R(D)±××;
G73 P(ns)×× Q(nf)×× U(ΔU)×× W(ΔW)×× F(F)××;
```

（2）G73 指令格式说明如表 2-5 所示。

表 2-5　指令格式说明

ΔI:为 *X* 轴方向退刀的距离及方向(半径值)
ΔK:为 *Z* 轴方向退刀距离及方向(一般情况下不指定)
D:分割次数,等于粗车次数
ns:构成精加工形状的程序段群的第一个程序段的顺序号
nf:构成精加工形状的程序段群的最后一个程序段的顺序号
ΔU:为 *X* 轴方向的精加工余量(直径/半径指定)
ΔW:为 *Z* 轴方向的精加工余量
F、S、T:在 ns 和 nf 之间任何一个程序段上的 F、S、T 功能均无效,仅在 G73 中指定的 F、S、T 功能有效

（3）注意事项。

① 在 G73 指令执行过程中,可以停止自动运行并手动移动。但要再次执行 G73 循环时,必须返回到手动移动前的位置,否则程序将继续执行,后面的运行轨迹将错位。

② 执行进给保持、单程序段的操作时,在运行到当前轨迹的终点后,程序暂停。

③ ΔI、ΔU 都用同一个地址 U 指定,ΔK、ΔW 都用同一个地址 W 指定,它们的区别是根

据该程序段有无指定 P、Q 指令字来判断。

3. 精车循环指令 G70

（1）用途：在使用 G71、G72、G73 指令进行粗加工并结束后，可使用 G70 指令重复上述指令的最后轨迹，用于精加工，以切除粗车预留的加工余量。

（2）指令格式：

```
G70 P(ns)×× Q(nf)××;
```

（3）格式中的符号说明：ns 为精加工路径的第一个程序段的顺序号；nf 为精加工路径的最后一个程序段的顺序号。

（4）G70 指令使用说明。

① 在 G71、G72、G73 指令程序段中规定的 F、S、T 功能，在 G70 加工过程中无效；但在执行 G70 指令时，顺序号 ns 和 nf 之间的 F、S、T 功能有效。

② 当 G70 循环加工结束时，刀具返回到起始点并读下一个程序段。

③ G70 必须在 ns～nf 程序段后编写。如果在 ns～nf 程序段前编写，系统会自动搜索到 ns～nf 程序段并执行，执行完成后，系统按顺序执行 nf 程序段后的程序，因此会引起重复执行 ns～nf 程序段。

任务拓展

加工如图 2-3 所示的零件，毛坯尺寸为 ϕ40 mm×45 mm，材质为 45 钢，试编程并加工。

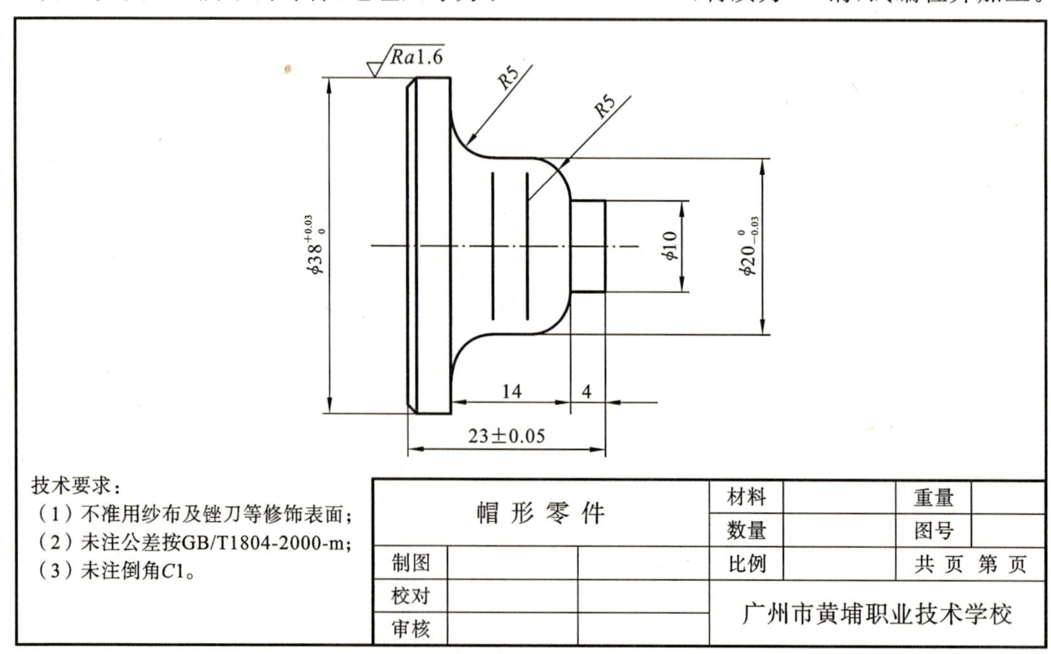

图 2-3 帽形零件图样

拓展任务评分表如表 2-6 所示。

表 2-6　评分表

第________组________号机床　日期：________年______月______日　星期：____第________节

<table>
<tr><td>工种</td><td colspan="3">数控车工</td><td colspan="2">姓名</td><td colspan="3"></td><td colspan="2">总分</td><td></td></tr>
<tr><td>加工时间</td><td colspan="5">开始：　月　日　时　分</td><td colspan="3">结束：　月　日　时　分</td><td colspan="2">实际操作时间</td><td></td></tr>
<tr><td rowspan="2">序号</td><td rowspan="2">工件技术要求</td><td rowspan="2">配分</td><td rowspan="2">精度等级</td><td rowspan="2">量具</td><td colspan="3">学生自测评分</td><td colspan="3">教师测评</td><td rowspan="2">单项综合得分</td></tr>
<tr><td>实测尺寸</td><td>得分</td><td>扣分</td><td>实测尺寸</td><td>得分</td><td>扣分</td></tr>
<tr><td>1</td><td></td><td></td><td rowspan="11">按照 GB/T 1804-2000-m</td><td rowspan="11">测量范围 0～150 mm，精度 0.02 mm 游标卡尺，圆弧倒角量规，粗糙度样板</td><td></td><td></td><td></td><td></td><td></td><td></td><td></td></tr>
<tr><td>2</td><td></td><td></td><td></td><td></td><td></td><td></td><td></td><td></td><td></td></tr>
<tr><td>3</td><td></td><td></td><td></td><td></td><td></td><td></td><td></td><td></td><td></td></tr>
<tr><td>4</td><td></td><td></td><td></td><td></td><td></td><td></td><td></td><td></td><td></td></tr>
<tr><td>5</td><td></td><td></td><td></td><td></td><td></td><td></td><td></td><td></td><td></td></tr>
<tr><td>6</td><td></td><td></td><td></td><td></td><td></td><td></td><td></td><td></td><td></td></tr>
<tr><td>7</td><td></td><td></td><td></td><td></td><td></td><td></td><td></td><td></td><td></td></tr>
<tr><td>8</td><td></td><td></td><td></td><td></td><td></td><td></td><td></td><td></td><td></td></tr>
<tr><td>9</td><td></td><td></td><td></td><td></td><td></td><td></td><td></td><td></td><td></td></tr>
<tr><td>10</td><td></td><td></td><td></td><td></td><td></td><td></td><td></td><td></td><td></td></tr>
<tr><td>11</td><td></td><td></td><td></td><td></td><td></td><td></td><td></td><td></td><td></td></tr>
<tr><td></td><td></td><td></td><td></td><td></td><td></td><td></td><td></td><td></td><td></td><td></td><td></td></tr>
<tr><td></td><td></td><td></td><td></td><td></td><td></td><td></td><td></td><td></td><td></td><td></td><td></td></tr>
<tr><td></td><td></td><td></td><td></td><td></td><td></td><td></td><td></td><td></td><td></td><td></td><td></td></tr>
<tr><td></td><td></td><td></td><td></td><td></td><td></td><td></td><td></td><td></td><td></td><td></td><td></td></tr>
<tr><td></td><td></td><td></td><td></td><td></td><td></td><td></td><td></td><td></td><td></td><td></td><td></td></tr>
<tr><td></td><td></td><td></td><td></td><td></td><td></td><td></td><td></td><td></td><td></td><td></td><td></td></tr>
<tr><td>扣分说明</td><td colspan="11">(1) 尺寸扣分标准：超出公差值的四分之一数值段，扣配分的一半分数；超出公差值的二分之一数值段，该尺寸的配分为 0。每个表面的表面粗糙度 Ra 分配 1 分，不合格即扣 1 分。
(2) 操作过程中出现违反数控车工操作安全要求的现象，立即取消实习资格，经过安全教育后才能继续实习。有事故苗头者或出现事故者（撞刀、撞机床、物品飞出等）立即停止操作，查明原因后再决定是否允许开展后续实习。
(3) 安全文明生产标准：工、量、刃、洁具摆放整齐，机床卫生，良好的礼节礼貌等。
(4) 综合得分：剔除偶然因素，一般以教师和学生的测评分数之和的二分之一为综合得分。如果师生的评分相差太大，应找出正确的一方，以正确一方的评分为主。
(5) 作业分数：以实际批改的为准。</td></tr>
</table>

巩固训练

加工如图 2-4 和图 2-5 所示的零件，毛坯尺寸分别为 ϕ22 mm×40 mm 和 ϕ40 mm×55 mm，材质为 45 钢。注意分析工件的形状特点，计算节点坐标，制定加工工艺，选择合理的切削速度，编写数控加工程序并进行模拟仿真加工。

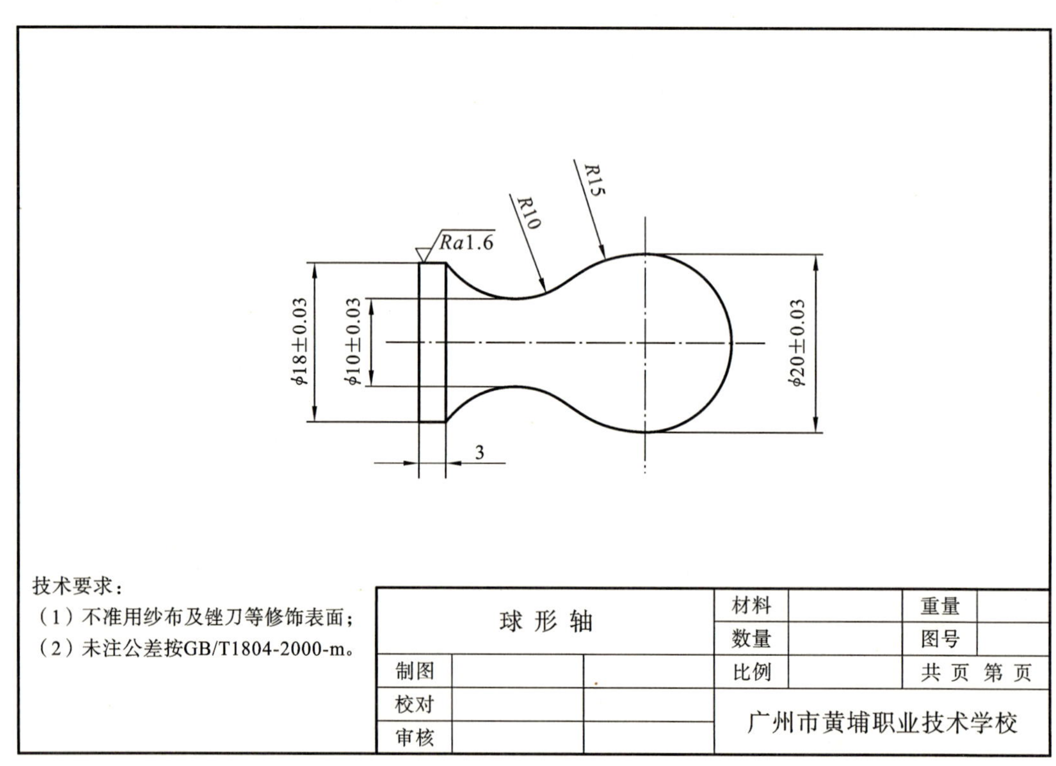

图 2-4 球形轴零件图样

Ra1.6
R5
Ra1.6
R10
ϕ38±0.04
ϕ28±0.04
ϕ20±0.03
6
6
5
40±0.1
技术要求：
（1）不准用纱布及锉刀等修饰表面；
（2）未注公差按GB/T1804-2000-m。
台 阶 轴
材料
重量
数量
图号
制图
比例
共 页 第 页
校对
审核
广州市黄埔职业技术学校

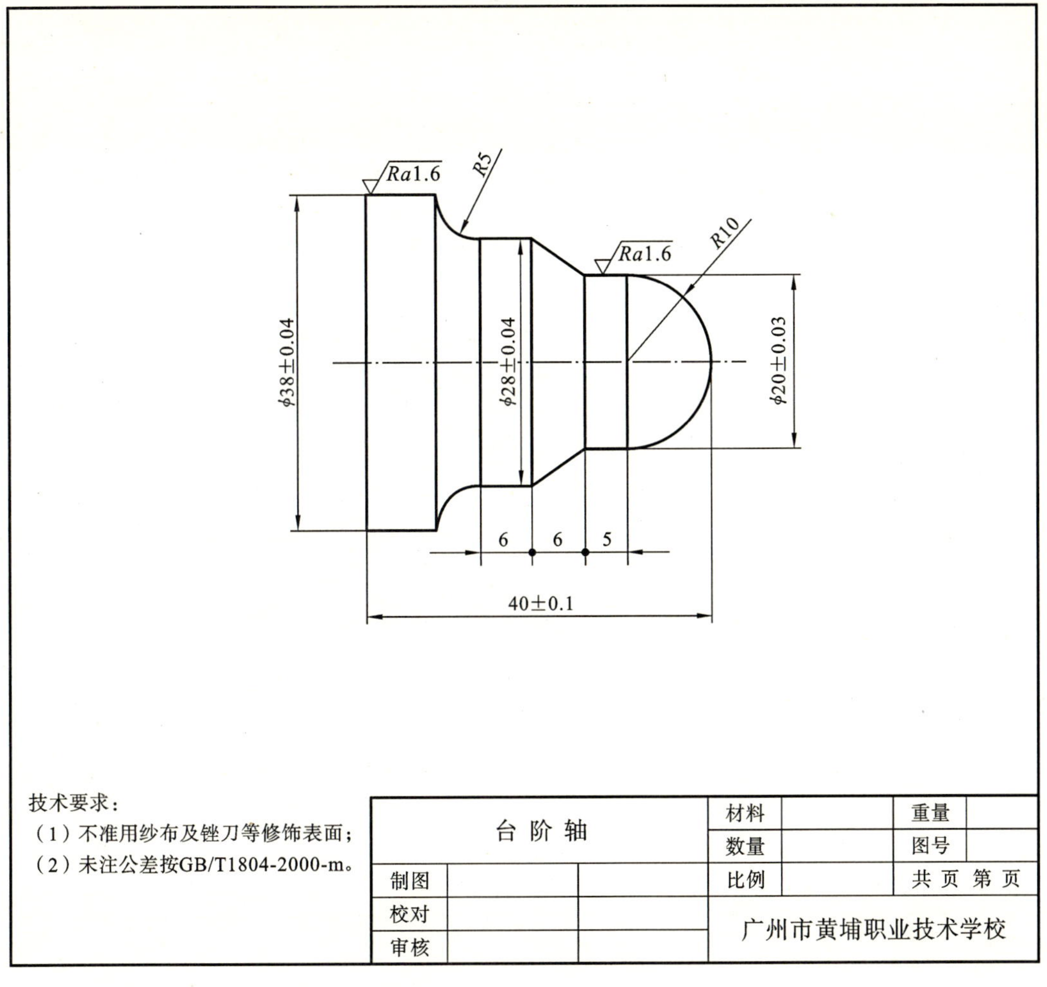

图 2-5　台阶轴零件图样

项目三

锥形球头轴零件加工

本项目通过讲解锥形球头轴零件的数控车削加工，让读者了解圆锥特征加工的特点，能根据技术要求制定锥形球头轴零件的加工工艺，应用复合形状固定粗车循环等编程指令对此类零件进行正确的程序编制，操作数控机床完成加工，并有效进行质量控制。

任务引入

加工如图 3-1 所示的零件，毛坯尺寸为 $\phi30$ mm×50 mm，材料为 45 钢，单件，试编写数控加工程序并进行加工。

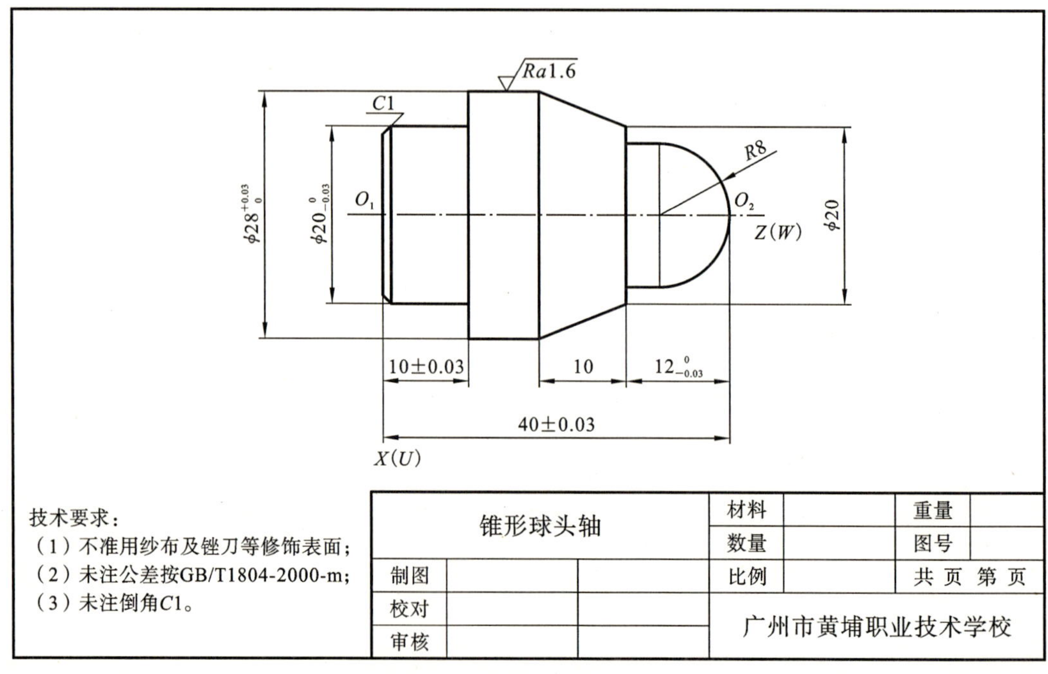

图 3-1　锥形球头轴零件图样

任务实施

步骤一　加工工艺制定

1）零件图样工艺分析

图 3-1 所示的零件为锥形球头轴零件，该零件需加工 $SR8$ mm 球头面，$\phi28$ mm、$\phi16$ mm 及 $\phi20$ mm×10 mm 外圆，长度为 10 mm、大端为 $\phi28$ mm、小端为 $\phi20$ mm 的锥面，以及 $C1$ 的倒角。$\phi28$ mm 外圆的表面粗糙度为 $Ra1.6$ μm，其余表面粗糙度值为 $Ra3.2$ μm，材料为 45 钢，无热处理及硬度要求。其尺寸标注完整，轮廓清晰。

通过上述分析，拟采取的工艺措施如下。

(1) 对于图样上给定的尺寸，编程时取其基本的尺寸。

(2) 根据先粗后精、先主后次的加工原则，确定加工路线为夹持毛坯，并确定毛坯伸出长度大于 50 mm，粗、精车右端 $SR8$ mm 球头面，长度为 10 mm、大端为 $\phi28$ mm、小端为 $\phi20$ mm 的锥面及 $\phi28$ mm 外圆，用切槽刀加工 $\phi20$ mm×10 mm 外圆至尺寸要求，倒 $C1$ 角并切断工件。

2）设备选择

根据零件图样要求，选用经济型数控车床即可达到要求，故选用 CK0630 型数控卧式直床身车床。

3）定位基准与装夹方式确定

(1) 定位基准：以坯料轴线及左端面为定位基准。

(2) 装夹方式：采用三爪自定心卡盘定心夹紧。

4）加工工序及路线规划

加工工序按由粗到精、由近到远、由右到左的原则确定，即先从右到左进行粗车，预留一定的余量后进行精车。具体加工路线如下。

(1) 粗车 $SR8$ mm 球头面、锥面及 $\phi28$ mm 外圆，径向留 0.3 mm 余量，轴向留 0.1 mm 余量。

(2) 精车球面、锥面及外圆至尺寸要求，并倒棱。

(3) 粗、精车 $\phi20$ mm×10 mm 槽。

(4) 检查各尺寸精度，倒角并切断工件。

5）刀具选择及切削用量选择

根据加工工序及加工路线规划，结合零件特征及尺寸要求，其刀具及切削用量选用如表 3-1 所示。

6）工件坐标系、对刀点、换刀点确定

以工件右端面与轴心线的交点 O_2 为加工原点，建立工件坐标系。采用手动试切对刀法，以 O_2 点作为对刀点。换刀点设置在坐标系安全位置即可。

表 3-1 数控加工刀具卡

刀具号	刀具名称	数量	加工内容	主轴转速/(r/min)	进给量/(mm/r)	背吃刀量/mm
T0101	90°外圆车刀	1	粗加工	600	0.3	1.0～1.5
T0202	90°外圆精车刀	1	精加工	800	0.1	0.2～0.3
T0303	4 mm 切断刀	1	粗、精车槽	400	0.1	2.0

7) 数控加工工艺卡填写

数控加工工艺卡是编程加工程序的主要依据，也是操作人员进行数控加工的指导性文件，综合以上分析，工序卡中需填写的内容有工步号、工步内容、各工步所用的刀具及切削用量等参数，具体如表 3-2 所示。

表 3-2 数控加工工艺卡

数控加工工艺卡		产品名称/代号	零件名称		零件图号	
			锥形球头轴		3-1	
工序号	使用设备	夹具名称	车间	毛坯类型/尺寸		
001	数控车床	三爪卡盘	数控实训中心	45 钢，圆棒，ϕ30 mm×50 mm		
工步号	工步内容	刀具号	主轴转速/(r/min)	进给量/(mm/r)	背吃刀量/mm	备注
1	平端面	T0101	600	—	—	手动
2	粗加工 *SR*8 mm 球头，锥度	T0101	600	0.3	2.0	自动
3	精加工 *SR*8 mm 球头，锥度	T0202	800	0.1	0.3	自动
4	粗加工 ϕ28 mm 外圆	T0303	400	0.3	2.0	自动
5	精加工 ϕ28 mm 外圆	T0303	400	0.1	0.3	自动
6	倒 *C*1 角，切断工件	T0303	400	0.1	2.0	自动
7						
8						
编制：	审核：	批准：	年 月 日	共 页第 页		

步骤二 程序编制

编制数控加工程序，如表 3-3 所示。

表 3-3　数控加工程序

程　　序	说　　明
O0001	程序名
N0010 G99	确认进给量的单位为 mm/r
N0020 M03 S600	主轴正转，转速为 600 r/min
N0030 T0101	选用 1 号刀，执行 1 号刀补
N0040 G00 X33 Z2	快速定位
N0050 G71 U2 R1	选用 G71 循环，单边切深 2 mm，退刀 1 mm
N0060 G71 P1 Q2 U0.3 W0 F0.3	*X* 方向预留 0.3 mm 余量，*Z* 方向不留余量
N0070 N1 G00 X0	快速定位到 *X* 方向 0 位
N0080 G01 Z0	快速定位到 *Z* 方向 0 位
N0090 G03 X16 Z−8 R8	车圆弧，圆弧半径为 8 mm
N0100 G01 Z−12	直线切削台阶
N0110 X20	移到锥度起点
N0120 X28 Z−22	车锥度
N0130 N2 Z−45	车到工作总长，预留 5 mm 切断
N0140 G00 X100 Z100	快速返回安全位置
N0150 M05	主轴停转
N0160 M00	程序暂停
N0170 T0202 M03 S800	执行 T0202，主轴正转，转速为 800 r/min
N0180 G00 X33 Z2	快速定位
N0190 G70 P1 Q2 F0.1	精加工外圆
N0200 G00 X100 Z100	快速返回安全位置
N0210 M05	主轴停转
N0220 M00	程序暂停
N0230 T0303 M03 S400	执行 T0303，主轴正转，转速为 400r/min
N0240 G00 X30 Z10	刀具快速初步定位
N0250 Z−34.1	快速移动到切槽起点
N0260 G01 X20.1 F0.1	切槽，*X* 方向预留 0.1 mm 精车
N0270 G00 X30	退刀
N0280 Z−37.1	快速移动到切槽起点
N0290 G01 X20.1 F0.1	切槽，*X* 方向预留 0.1 mm 精车
N0300 G00 X30	退刀
N0310 Z−40.1	快速移动到切槽起点
N0320 G01 X20.1 F0.1	切槽，*X* 方向预留 0.1 mm 精车
N0330 G00 X30	退刀
N0340 Z−44.1	快速移动到切槽起点
N0350 G01 X10.1 F0.1	切槽，*X* 方向预留 0.1 mm 精车
N0360 G00 X30	退刀
N0370 Z−34	刀具快速定位

续表

程　序	说　明
N0380 G01 X20.0 F0.1	切到 *X* 轴终点坐标
N0390 Z－43	外圆精车一次
N0400 X18 Z－44	倒角
N0410 X0	切断工件
N0420 G00 X30	退刀
N0430 G00 X100 Z100	快速返回安全位置
N0440 M05	主轴停转
N0450 T0100	换回 1 号刀并取消刀补
N0460 M30	程序结束

步骤三　计算机软件模拟仿真验证

开启专用模拟仿真软件，设置对应的数控车床，安装相应刀具；设置好加工原点，对好刀具，输入数控程序，进行虚拟仿真加工；进行工艺、加工路线、程序的检验，并根据检验结果，适当调整工艺参数，直至最优方案确定，以保证实操加工的可靠性。

步骤四　零件加工

1）数控程序输入

在 MDI 模式下，通过面板将经过验证的加工程序输入数控系统中，并检查输入的正误。

2）对刀

(1) 正确装夹坯料，确定装夹牢靠、坯料伸出长度满足加工需要。

(2) MDI 模式下，输入 M03 S600，启动主轴转动。

(3) *X* 轴方向对刀：使用试切对刀法，采用手轮/手动操作模式，试切外圆，并测量外圆直径，记录参数，输入数值至 01 号偏置相应位置处，完成 *X* 轴方向对刀。

(4) *Z* 轴方向对刀：手轮/手动模式下，车削端面，测量工件长度，在 01 号偏置相应位置处输入数据，完成 *Z* 轴方向对刀。

3）加工与质量控制

调取相应的数控程序，关闭机床防护门，做好相应的安全措施，启动机床，进行粗车加工；粗车加工完成后，测量零件尺寸，并修正偏差值；继续加工，直至零件尺寸符合图样要求。

知识链接

1. 粗车循环指令 G71

(1) 用途：用于粗车轴向零件，以切除多余的加工余量并保留精加工余量。

(2) 指令格式：

```
N4 G71 U(Δd)×× R(e)±××;
N4 G71 P(ns)×× Q(nf)×× U(Δu)±×× W(Δw)±×× F(f)×× S(s)×× T(t)××;
```

(3) 指令格式说明如表 3-4 所示。

表 3-4　指令格式说明

Δd:粗加工每次车削深度(半径值,没有符号)
e:粗加工每次车削循环的 X 轴方向退刀量(半径值)
ns:精加工路径的第一个程序段的顺序号
nf:精加工路径的最后一个程序段的顺序号
Δu:X 轴方向精加工余量的距离与方向(一般默认为直径值)
Δw:Z 轴方向精加工余量的距离与方向
f:进给速度数值
s:主轴转速数值
t:刀具号及刀具偏置号(f、s、t 粗加工时 G71 编程的有效)

使用 G71 指令需要注意的问题:在 G71 指令加工程序的第一个程序段内,只准出现 X 坐标值,不准出现 Z 坐标值,否则会出现停机报警。为了提高工作效率,减少空切削行程,在保证安全的条件下,应选好循环定位点坐标。

粗车循环指令 G71 的循环如图 3-2 所示。

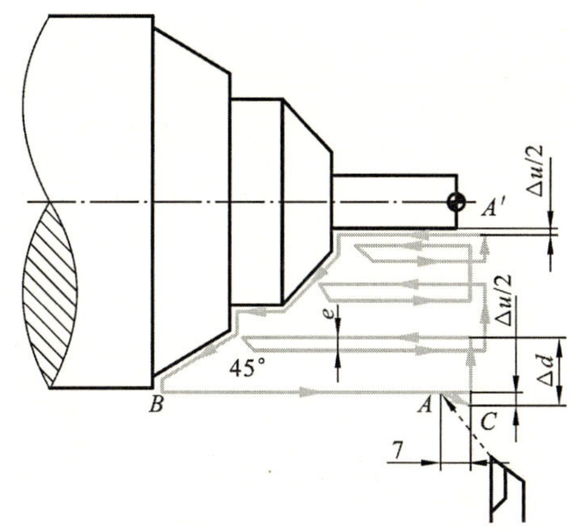

图 3-2　粗车循环指令 G71 的循环

(4) 华中数控系统粗车循环指令 G71 的应用与特点。

华中数控系统 G71 的格式有如下两种。

① 格式一：

```
N4 G71 U(Δd)×× R(r)±×× P(ns)×× Q(nf)×× X(Δx)±×× Z(Δz)±×× F(f)××
S(s)×× T(t)××;
```

指令格式说明如表 3-5 所示。

表 3-5 指令格式说明

Δd:粗加工每次车削深度(半径值,没有符号)
r:粗加工每次车削循环的 X 轴方向退刀量(半径值)
ns:精加工路径的第一个程序段的顺序号
nf:精加工路径的最后一个程序段的顺序号
Δx:X 轴方向精加工余量的距离与方向(一般默认为直径值)
Δz:Z 轴方向精加工余量的距离与方向
f:进给速度数值
s:主轴转速数值
t:刀具号及刀具偏置号(f、s、t 粗加工时 G71 编程的有效)

② 格式二(有凹槽加工循环时):

```
N4 G71 U(Δd)×× R(r)±×× P(ns)×× Q(nf)×× E(e)±×× F(f)×× S(s)×× T(t)××;
```

指令格式说明如表 3-6 所示。

表 3-6 指令格式说明

Δd:粗加工每次车削深度(半径值,没有符号)
r:粗加工每次车削循环的 X 轴方向退刀量(半径值)
ns:精加工路径的第一个程序段的顺序号
nf:精加工路径的最后一个程序段的顺序号
e:精加工余量,其为 X 轴方向的距离,外径切削时符号为"+",内径切削时符号为"−"
f:进给速度数值
s:主轴转速数值
t:刀具号及刀具偏置号(f、s、t 粗加工时 G71 编程的有效)

内、外径粗车循环指令 G71 的循环如图 3-3 所示,图中 1、2、3…14、15、16 表示每次走刀的轨迹。

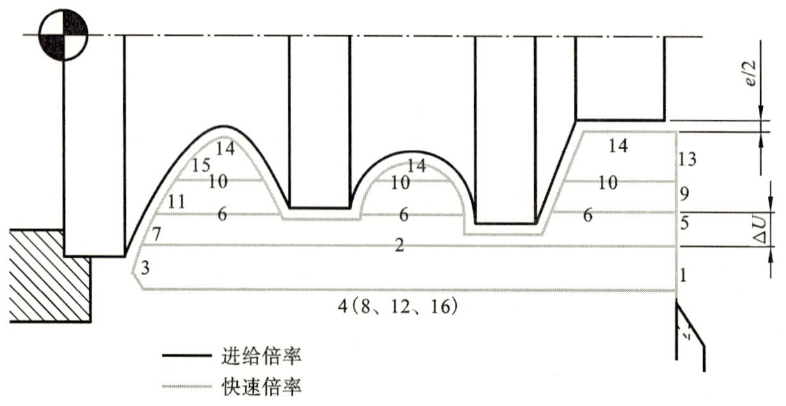

图 3-3 内、外径粗车循环指令 G71 的循环

(5) 粗车循环 G71 编程参考案例一。

如图 3-4 所示，工件毛坯的外径为 ϕ40 mm(图中双点画线表示)，精加工余量 0.3 mm。试编写粗车循环程序。

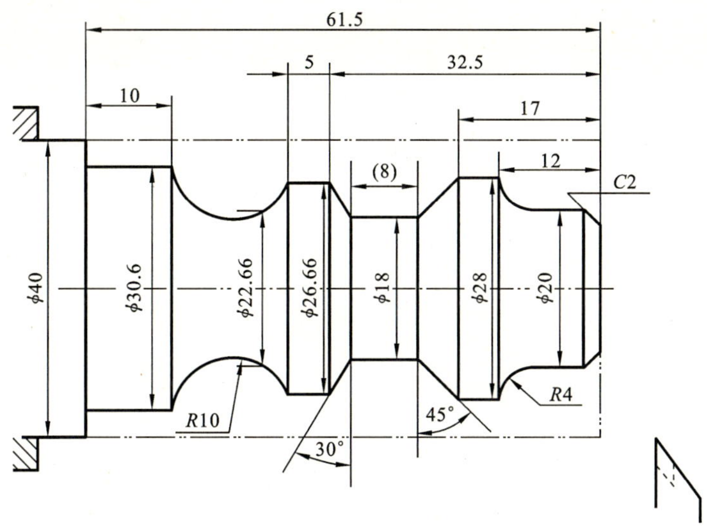

图 3-4　粗车循环

参考程序如表 3-7 所示。

表 3-7　数控加工程序

程　　序	说　　明
O0001	程序名
N0011 G95	每转进给量
N0021 G00 X80.0 Z100.0	快速进刀到换刀点
N0031 T0101	换 1 号刀，确定其坐标系
N0041 M03 S600	主轴正传，600 r/min
N0051 G00 X42.0 Z0	快速进刀，准备平右端面
N0061 G01 X0 F0.1	平右端面
N0071 G00 X42.0 Z3.0	快速退刀到 G71 的切削循环起点
N0081 G71 U1.0 R1.0 P0121 Q0231 E0.3 F0.2	有凹槽粗切循环加工
N0091 G00 X80.0 Z100.0	粗加工后，快速退刀，返回换刀点
N0101 T0202	换 2 号刀，确定其坐标系
N0111 G00 G42 X42.0 Z3.0	快速进刀到循环起点，2 号刀加入刀尖圆弧半径补偿
N0121 G01 X10.0	精加工轮廓开始，到倒角延长线处
N0131 G01 X20.0 Z−2.0 F0.1	精加工倒角 *C*2
N0141 Z−8.0	精加工 ϕ20 mm 外圆
N0151 G02 X28.0 Z−12.0 R4.0	精加工 *R*4 mm 圆弧

续表

程　　序	说　　明
N0161 G01 Z−17.0	精加工 ϕ28 mm 外圆
N0171 U−10.0 W−5.0	精加工倒圆锥
N0181 W−8.0	精加工 ϕ18 mm 外圆
N0191 U8.66 W−2.5	精加工正圆锥
N0201 Z−37.5	精加工 ϕ26.66 mm 外圆
N0211 G02 X30.6 W−14.0 R10.0	精加工 R10 mm 下切圆弧
N0221 G01 W−10.0	精加工 ϕ30.66 mm 外圆
N0231 X42.0	退出已加工表面，精加工轮廓结束
N0241 G00 G40 X80.0 Z100.0	取消半径补偿，快速退刀，返回换刀点
N0251 M05 T0200	主轴停转，取消刀补
N0261 M30	程序结束，系统复位

(6) 粗车循环 G71 编程参考案例二。

如图 3-5 所示，工件的右端面已经车削平整，已知背吃刀量为 2 mm，每次车削退刀 1 mm，直径精车余量 2 mm，端面（轴向）精车余量 2 mm，不需切断，试用 G71 指令编写加工程序。

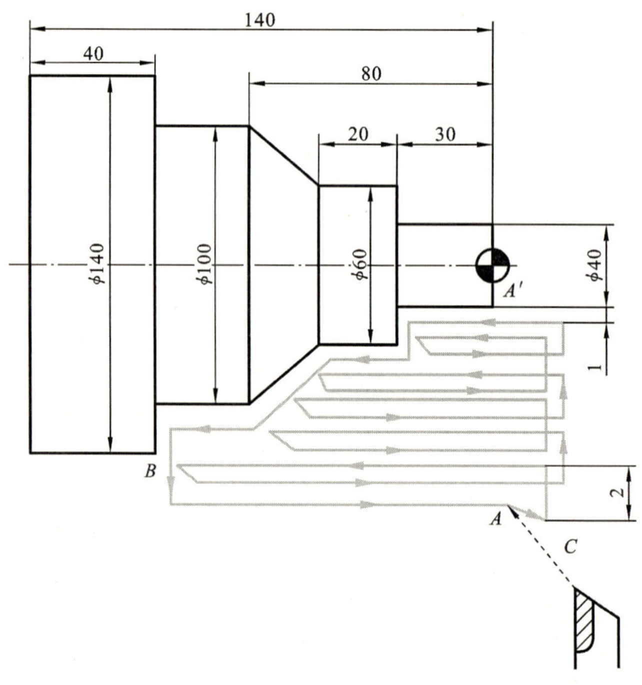

图 3-5　外圆粗车循环

参考程序如下。

① FANUC 数控加工程序如表 3-8 所示：设定循环定位点(X142.0，Z5.0)。

表 3-8　FANUC 数控加工程序

程　　序	说　　明
O1000	程序名
N1010 M03 S300	主轴正传，300 r/min
N1020 T0101	选择 1 号粗车刀，第一组刀补
N1030 G00 X142.0 Z5.0	快速定位到循环起点
N1040 G71 U2.0 R1.0	G71 循环，每刀背吃刀量 2 mm，退刀量 1 mm
N1050 G71 P1060 Q1120 U2.0 W2.0 F0.2	直径精加工余量 2 mm，轴向精加工余量 2 mm
N1060 G00 X40.0	零件轮廓程序第一段，该段不允许有 Z 向移动
N1070 G01 Z－30.0 F0.1	零件轮廓程序第二段，F0.1 在 ns～nf 内无效，对 G70 有效
N1080 X60.0	零件轮廓程序第三段
N1090 W－30.0	零件轮廓程序第四段
N1100 X100.0 Z－80.0	零件轮廓程序第五段
N1120 X142.0	零件轮廓程序第六段
N1130 G00 X200.0 Z100.0	退刀，回到换刀点
N1140 T0100	取消 1 号刀刀补
N1150 T0202 S600	换 2 号精车刀，主轴转速为 600 r/min
N1160 G00 X142.0 Z5.0	快速定位到循环起点
N1170 G70 P1060 Q1120	精车轮廓
N1180 G00 X200.0 Z100.0	退刀，回到换刀点
N1190 M05 T0200	主轴停转，取消 2 号刀刀补
N1200 M30	程序结束，系统复位

② 华中数控加工程序如表 3-9 所示：设定循环定位点(X142.0，Z5.0)。

表 3-9　华中数控加工程序

程　　序	说　　明
%1000 (或 O1000)	程序名
N1010 G00 G95 X200.0 Z100.0	到程序起点位置或回到换刀点
N1020 M03 S360 T0101	主轴以 360 r/min 的转速正转，选用 1 号 90°粗偏刀，建立其坐标系
N1030 G00 X142.0 Z5.0	快速定位到 G71 循环起点

续表

程　序	说　明
N1040 G71 U2.0 R1.0 P1080 Q1130 X2.0 Z2.0 F0.2	G71 循环，每刀背吃刀量 2 mm，退刀量 1 mm，直径精加工余量 2 mm，轴向精加工余量 2 mm
N1050 G00 X200.0 Z100.0	到程序起点位置或回到换刀点
N1060 T0202 S600	换 2 号 90°精偏刀，主轴转速为 600 r/min
N1070 G00 X142.0 Z5.0	快速定位到精加工循环起点
N1080 G00 X40.0 Z5.0	零件轮廓程序第一段，该段不允许有 *Z* 向移动
N1090 G01 Z−30.0 F0.1	零件轮廓程序第二段
N1100 X60.0	零件轮廓程序第三段
N1110 W−30.0	零件轮廓程序第四段
N1120 X100.0 Z−80.0	零件轮廓程序第五段
N1130 X142.0	零件轮廓程序第六段
N1140 G00 X200.0 Z100.0	退刀，回到换刀点
N1150 M05 T0200	主轴停转，取消刀补
N1160 M30	程序结束，系统复位

2. 精车循环指令 G70

(1) 用途：在 G71、G72、G73 指令粗加工结束后，可使用 G70 指令重复上述指令的最后轨迹，用于精加工，以切除精车预留的加工余量。

(2) 指令格式：

```
G70 P(ns)×× Q(nf)××;
```

(3) 指令格式中的符号说明。

ns：精加工路径的第一个程序段的顺序号。

nf：精加工路径的最后一个程序段的顺序号。

(4) G70 指令使用说明：

① 在 G71、G72、G73 指令程序段中规定的 F、S、T 功能在 G70 加工的过程中无效，但在执行 G70 指令时顺序号 ns 和 nf 之间的 F、S、T 功能有效。

② 当 G70 循环加工结束时，刀具返回到起始点并读下一个程序段。

③ G70 到 G73 中，ns 和 nf 之间的程序段不能调用子程序。

(5) 精车循环指令 G70 的循环如图 3-6 所示。

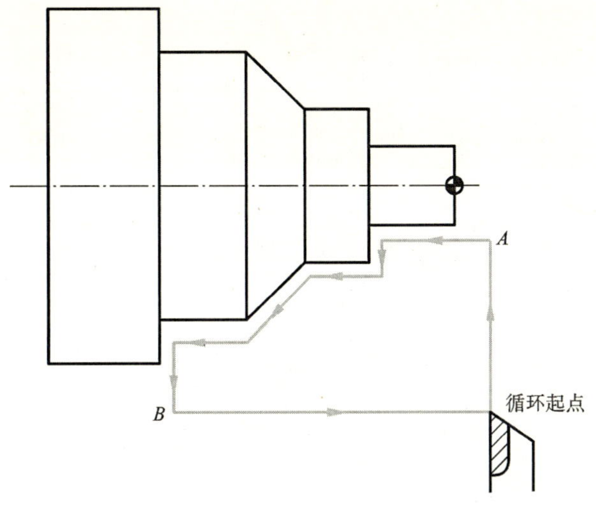

图 3-6　精加工循环指令 G70 的循环

任务拓展

加工如图 3-7 所示的零件，毛坯尺寸为 ϕ40 mm×45 mm，材质为 45 钢，试编写数控加工程序并进行加工。

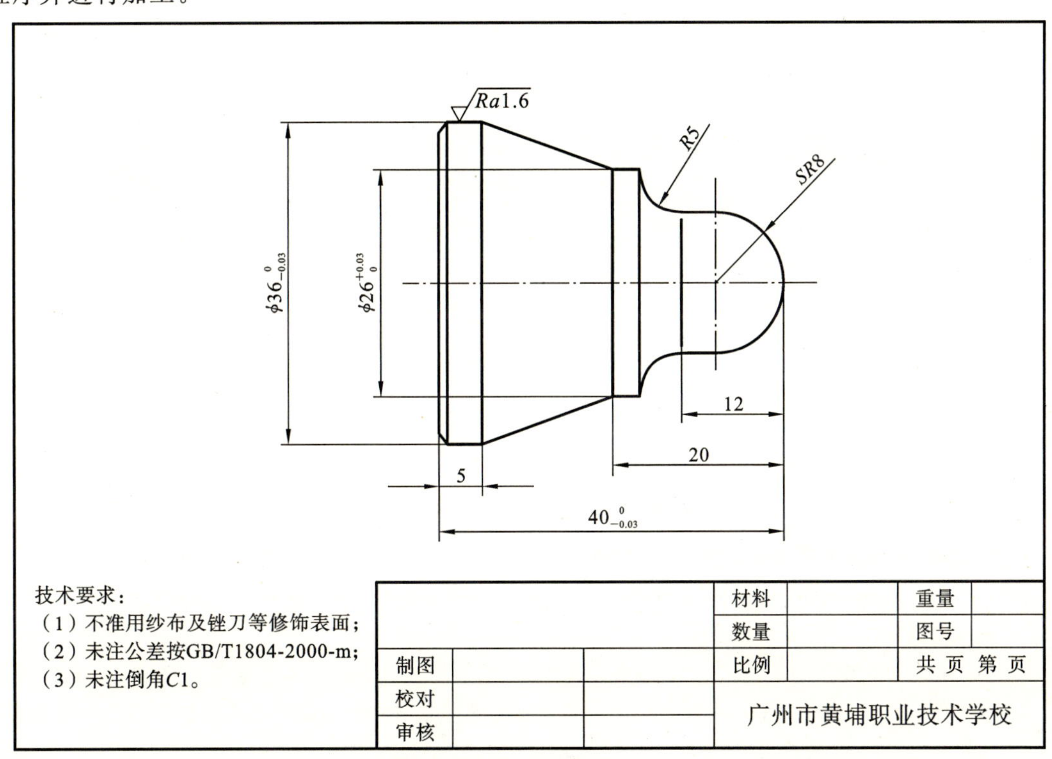

图 3-7　零件图样

拓展任务评分表如表 3-10 所示。

表 3-10 评分表

第________组________号机床　日期：________年______月______日　星期：____第________节

<table>
<tr><td>工种</td><td colspan="3">数控车工</td><td colspan="2">姓名</td><td colspan="3"></td><td colspan="2">总分</td><td colspan="2"></td></tr>
<tr><td>加工时间</td><td colspan="8">开始：　月　日　时　分　　结束：　月　日　时　分</td><td colspan="3">实际操作时间</td><td></td></tr>
<tr><td rowspan="2">序号</td><td rowspan="2">工件技术要求</td><td rowspan="2">配分</td><td rowspan="2">精度等级</td><td rowspan="2">量具</td><td colspan="3">学生自测评分</td><td colspan="3">教师测评</td><td rowspan="2">单项综合得分</td></tr>
<tr><td>实测尺寸</td><td>得分</td><td>扣分</td><td>实测尺寸</td><td>得分</td><td>扣分</td></tr>
<tr><td>1</td><td></td><td></td><td rowspan="17">按照 GB/T 1804-2000-m</td><td rowspan="17">测量范围 0～150 mm，精度 0.02 mm 游标卡尺，圆弧倒角量规，粗糙度样板</td><td></td><td></td><td></td><td></td><td></td><td></td><td></td></tr>
<tr><td>2</td><td></td><td></td><td></td><td></td><td></td><td></td><td></td><td></td><td></td></tr>
<tr><td>3</td><td></td><td></td><td></td><td></td><td></td><td></td><td></td><td></td><td></td></tr>
<tr><td>4</td><td></td><td></td><td></td><td></td><td></td><td></td><td></td><td></td><td></td></tr>
<tr><td>5</td><td></td><td></td><td></td><td></td><td></td><td></td><td></td><td></td><td></td></tr>
<tr><td>6</td><td></td><td></td><td></td><td></td><td></td><td></td><td></td><td></td><td></td></tr>
<tr><td>7</td><td></td><td></td><td></td><td></td><td></td><td></td><td></td><td></td><td></td></tr>
<tr><td>8</td><td></td><td></td><td></td><td></td><td></td><td></td><td></td><td></td><td></td></tr>
<tr><td>9</td><td></td><td></td><td></td><td></td><td></td><td></td><td></td><td></td><td></td></tr>
<tr><td>10</td><td></td><td></td><td></td><td></td><td></td><td></td><td></td><td></td><td></td></tr>
<tr><td>11</td><td></td><td></td><td></td><td></td><td></td><td></td><td></td><td></td><td></td></tr>
<tr><td></td><td></td><td></td><td></td><td></td><td></td><td></td><td></td><td></td><td></td></tr>
<tr><td></td><td></td><td></td><td></td><td></td><td></td><td></td><td></td><td></td><td></td></tr>
<tr><td></td><td></td><td></td><td></td><td></td><td></td><td></td><td></td><td></td><td></td></tr>
<tr><td></td><td></td><td></td><td></td><td></td><td></td><td></td><td></td><td></td><td></td></tr>
<tr><td></td><td></td><td></td><td></td><td></td><td></td><td></td><td></td><td></td><td></td></tr>
<tr><td></td><td></td><td></td><td></td><td></td><td></td><td></td><td></td><td></td><td></td></tr>
<tr><td>扣分说明</td><td colspan="11">(1) 尺寸扣分标准：超出公差值的四分之一数值段，扣配分的一半分数；超出公差值的二分之一数值段，该尺寸的配分为 0。每个表面的表面粗糙度 Ra 分配 1 分，不合格即扣 1 分。
(2) 操作过程中出现违反数控车工操作安全要求的现象，立即取消实习资格，经过安全教育后才能继续实习。有事故苗头者或出现事故者（撞刀、撞机床、物品飞出等）立即停止操作，查明原因后再决定是否允许开展后续实习。
(3) 安全文明生产标准：工、量、刃、洁具摆放整齐，机床卫生，良好的礼节礼貌等。
(4) 综合得分：剔除偶然因素，一般以教师和学生的测评分数之和的二分之一为综合得分。如果师生的评分相差太大，应找出正确的一方，以正确一方的评分为主。
(5) 作业分数：以实际批改的为准。</td></tr>
</table>

巩固训练

加工如图 3-8 所示的零件，毛坯尺寸为 ϕ35 mm×100 mm，材质为 45 钢，注意分析工件的形状特点，制定加工工艺，选择合理的切削速度，编写数控加工程序并进行模拟仿真加工。

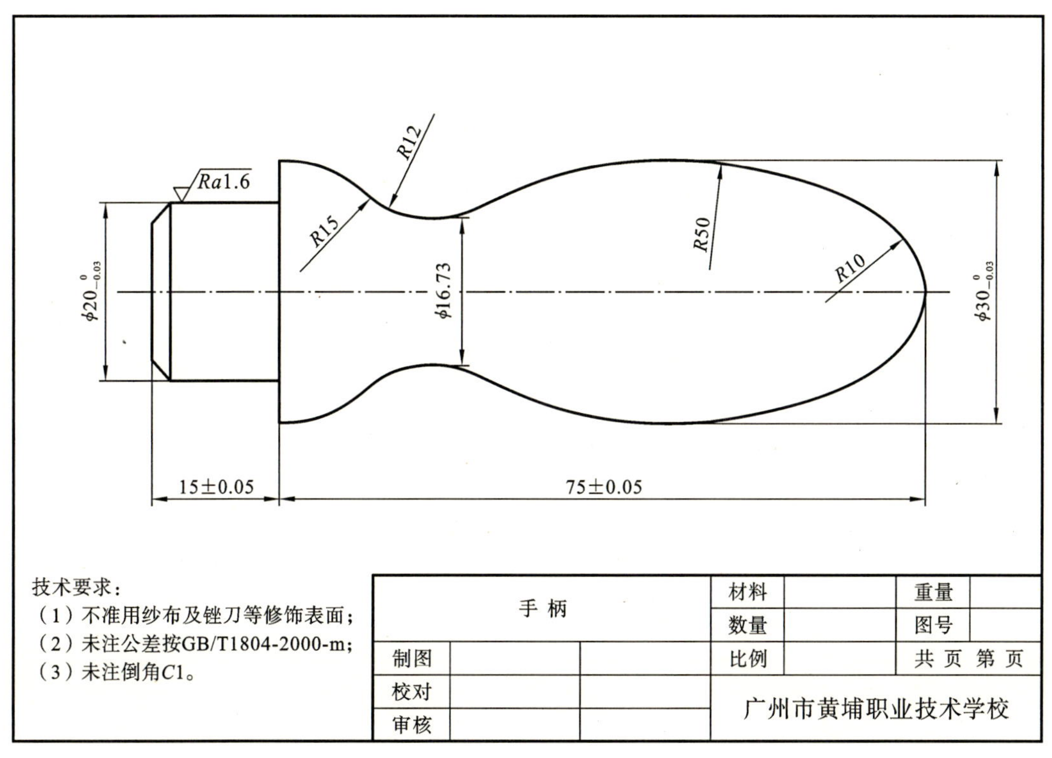

图 3-8　手柄零件图样

项目四

轮轴零件加工

本项目通过讲解轮轴零件的数控车削加工，让读者了解切槽加工的特点，能根据技术要求制定轮轴零件的加工工艺，应用切槽循环 G75 等指令对此类零件进行正确的程序编制，操作数控机床完成加工，并有效进行质量控制。

任务引入

加工如图 4-1 所示的零件，毛坯尺寸为 ϕ35 mm×60 mm，材料为 45 钢，圆棒，单件，试编写数控加工程序并进行加工。

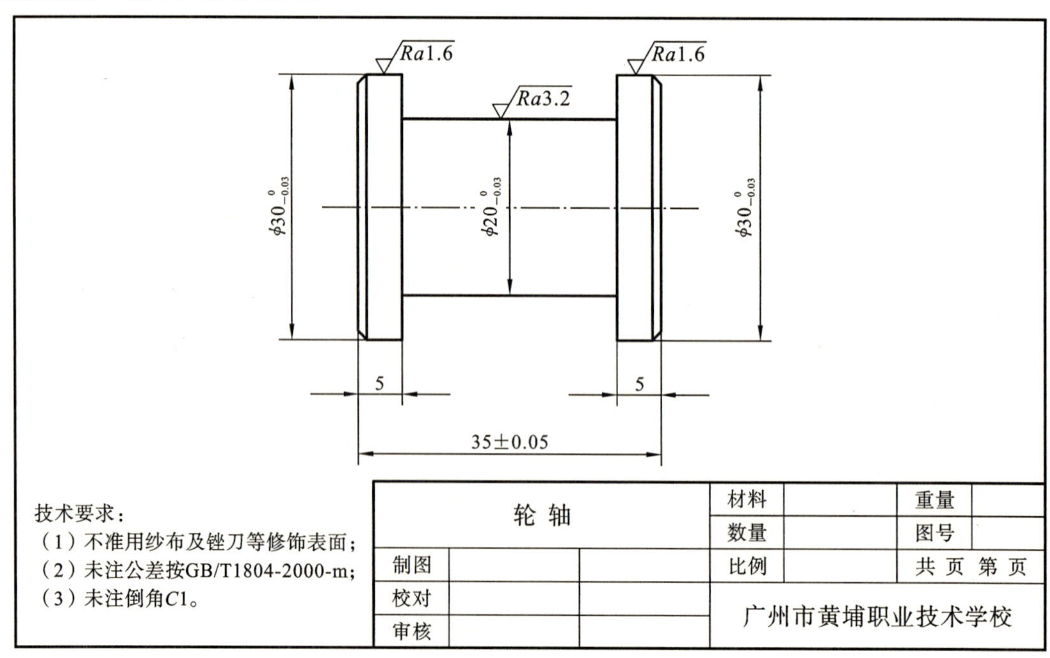

图 4-1　轮轴零件图样

任务实施

步骤一　加工工艺制定

1）零件图样工艺分析

图 4-1 所示的零件为线形轴类零件，该类零件的特点是比较细长，中间凹陷，需加工 ϕ30 mm×5 mm 外圆两个，ϕ20 mm×25 mm 长槽一个，以及两端面处 $C1$ 的倒角。ϕ20 mm 长槽的表面粗糙度为 $Ra3.2\ \mu m$，其余表面粗糙度值为 $Ra1.6\ \mu m$，零件材料为 45 钢，无热处理及硬度要求。其尺寸标注完整，轮廓清晰。

通过上述分析，拟采取的工艺措施如下。

(1) 对于图样上给定的尺寸，编程时取其基本的尺寸。

(2) 夹持毛坯，并确定毛坯伸出长度大于 40 mm，粗、精加工 ϕ30 mm×35 mm 外圆以及右端 $C1$ 倒角；加工 ϕ20 mm×25 mm 长槽，同时控制两端外圆宽度为 5 mm；切断后夹持两个 ϕ30 mm 外圆(伸出长度不小于 3 mm)，车左端面，保证总长为 35 mm 并倒角 $C1$。为了便于确定总长，切断时应预留 1 mm 左右余量。

2）设备选择

根据零件图样要求，选用经济型数控车床即可达到要求，故选用 CK0630 型数控卧式直床身车床。

3）定位基准与装夹方式确定

(1) 定位基准：以坯料轴线及左端面为定位基准。

(2) 装夹方式：采用三爪自定心卡盘定心夹紧。

4）加工工序及路线规划

加工工序按由粗到精、由近到远、由右到左的原则确定，即先从右到左进行粗车，预留一定的余量后进行精车。具体加工路线如下。

(1) 粗车 ϕ30 mm 外圆及 $C1$ 倒角，径向留 0.3 mm 余量，轴向留 0.1 mm 余量。

(2) 精车 ϕ30 mm 外圆至尺寸要求，并倒 $C1$ 角。

(3) 粗、精车 ϕ20 mm 直长槽。

(4) 检查各尺寸精度，切断工件。

(5) 调头平端面，保证总长，并倒角。

5）刀具选择及切削用量选择

根据加工工序及加工路线规划，结合零件特征及尺寸要求，其刀具及切削用量选用如表 4-1 所示。

6）工件坐标系、对刀点、换刀点确定

以工件右端面与轴心线的交点 O 为加工原点，建立工件坐标系。采用手动试切对刀法，以 O 点作为对刀点。换刀点设置在坐标系安全位置即可。

表 4-1 数控加工刀具卡

刀具号	刀具名称	数量	加工内容	主轴转速 /(r/min)	进给量 /(mm/r)	背吃刀量 /mm
T0101	90°外圆半精车刀	1	粗精车外圆	800	0.3	2.0
T0202	4 mm 切断刀	1	切槽和切断	400	0.2	2.0

7）填写数控加工工艺卡

数控加工工艺卡是编程加工程序的主要依据，也是操作人员进行数控加工的指导性文件，综合以上分析，工序卡中需填写的内容有工步号、工步内容、各工步所用的刀具及切削用量等参数，具体如表 4-2 所示。

表 4-2 数控加工工艺卡

数控加工工艺卡	产品名称/代号	零件名称	零件图号
		轮轴	3-1

工步号	使用设备	夹具名称	车间	毛坯类型/尺寸
001	数控车床	三爪卡盘	数控实训中心	45 钢，圆棒，ϕ35 mm×60 mm

工步号	工步内容	刀具号	主轴转速 /(r/min)	进给量 /(mm/r)	背吃刀量 /mm	备注
1	粗加工 ϕ30 mm 外圆	T0101	800	0.3	2.0	自动
2	精加工 ϕ30 mm 外圆	T0101	800	0.3	0.3	自动
3	粗、精加工 ϕ 20 mm 长槽	T0202	400	0.2	2.0	自动
5	切断工件	T0202	400	0.1	2.0	自动
6	调头平端面	T0101	600	—	—	手动
7						
8						
编制：	审核：	批准：		年 月 日		共 页 第 页

步骤二 程序编制

编制数控加工程序，如表 4-3 所示。

表 4-3　数控加工程序

程　　序	说　　明
O0001	程序名
N0010 G99	确认进给量的单位为 mm/r
N0020 M03 S800	主轴正转，转速为 800 r/min
N0030 T0101	选用 1 号刀，执行 1 号刀补
N0040 G00 X37 Z3	快速接近毛坯，切削起点定位
N0050 G90 X32 Z－40 F0.3	粗车外圆，单边切削 2 mm
N0060 X30.3	粗车外圆，预留精加工余量 0.3 mm
N0070 G00 X0	快速移动到径向零点
N0080 G01 Z0	车向轴向零点
N0090 X28	车向倒角起点
N0100 X30 Z－1	锐边倒棱
N0110 Z－40	加工至工件总长，预留 5 mm 切断
N0120 X36	退刀
N0130 G00 X100 Z100	快速返回安全位置
N0140 T0202 M03 S400	换 2 号切断刀，主轴正转，转速为 400 r/min
N0150 G00 X36 Z－9	左刀尖定位，快速移动至直槽起点
N0160 G75 R1	调用切槽循环指令，每次退刀 1 mm
N0170 G75 X20 Z－30 P2000 Q2000 F0.2	车直槽，每次切削 2 mm，移动 2 mm，进给量 0.2 mm/r
N0180 G00 X36 Z－39.5	左刀尖定位，快速移动至工件切断位置，预留 0.5 mm
N0190 G75 R1	调用切槽循环指令，每次退刀 1 mm
N0200 G75 X0 W0 P2000 Q2000 F0.1	切断，每次切削 2 mm，移动 2 mm，进给量 0.1 mm/r
N0210 G00 X100 Z100	快速返回安全位置
N0220 T0100 M05	换回 1 号刀并取消刀补，主轴停转
N0230 M30	程序结束，系统复位

步骤三　计算机软件模拟仿真验证

开启专用模拟仿真软件，设置对应的数控车床，安装相应刀具；设置好加工原点，对好刀具，输入数控程序，进行虚拟仿真加工；进行工艺、加工路线、程序的检验，并根据检验结果，适当调整工艺参数，直至最优方案确定，以保证实操加工的可靠性。

步骤四　零件加工

1）数控程序输入

在 MDI 模式下，通过面板将经过验证的加工程序输入到数控系统中，并检查输入的正误。

2）对刀

(1) 正确装夹坯料，确定装夹牢靠、坯料伸出长度满足加工需要。

(2) MDI 模式下，输入 M03 S800，启动主轴转动。

(3) *X* 轴方向对刀：使用试切对刀法，采用手轮/手动操作模式，试切外圆，并测量外圆直径，记录参数，输入数值至 01 号偏置处相应位置，完成 *X* 轴方向对刀。

(4) Z 轴方向对刀：手轮/手动模式下，车削端面，测量工件长度，在 01 号偏置相应位置处输入数据，完成 Z 轴方向对刀。

3) 加工与质量控制

调取相应的数控程序，关闭机床防护门，做好相应的安全措施，启动机床，进行粗车加工；粗车加工完成后，测量零件尺寸，并修正偏差值；继续加工，直至零件尺寸符合图样要求。

知识链接

1. 内、外径切槽循环指令 G75

(1) 用途：用于粗车旋转件的槽，以切除加工余量。

(2) 指令格式：

```
G75 R(e)±××;
G75 X(U)±×× Z(W)±×× P(Δi)±×× Q(Δk)±×× R(Δd)±×× F(f)××;
```

(3) 指令格式说明如表 4-4 所示。

表 4-4 指令格式说明

e:每次循环沿 X 轴方向切削 Δi 后的退刀量(即回退量，是半径值)，是模态值
X:直径方向切削终点的坐标
Z:轴向(Z 轴方向)切削终点的坐标
U:X 轴方向切削量(直径值)，有正负号
W:Z 轴方向切削量，有正负号
Δi:X 轴方向每次循环的切深量(不带符号，是半径值，单位为微米)
Δk:刀具完成一次径向切削后，Z 轴方向的偏移量(不带符号，单位为微米)
Δd:刀具在切削底部的 Z 轴方向退刀量(通常不指定则视为 0)，Δd 的符号总是"+"
F:径向切削时的进给速度

注意：华中系统没有内、外径切槽循环指令 G75。

(4) 使用 G75 指令时的注意事项如下。

① X(U)或 Z(W)指定，而 Δi 或 Δk 值未指定或指定为零，将会出现程序报警。

② Δk 值大于 Z 轴的移动量(W)或 Δk 值设定为负值，将会出现程序报警。

③ Δi 值大于 U/2 或 Δi 值设定为负值，将会出现程序报警。

④ 退刀量大于进刀量，即 e 值大于每次切深量 Δi 或 Δk，将会出现程序报警。

⑤ 由于 Δi 或 Δk 为无符号数值，所以，刀具切深完成后的偏移方向根据起刀点(循环定位点)及切槽终点的坐标自动判断。

2. 内、外径切槽循环指令 G75 循环应用说明

(1) 可用作长直槽的加工，编程格式一：

```
G75 R__;
G75 X__ Z__ P__ Q__ R__ F__;
```

其中：X、Z 为绝对值坐标。

(2) 可用作长直槽的加工，编程格式二：

```
G75 R__;
G75 U__ W__ P__ Q__ R__ F__;
```

其中：U、W 为相对值坐标。

(3) 可用作切断工件的加工，编程格式三：

```
G75 R__;
G75 X__ W__ P__ Q__ R__ F__;
```

其中：X 为绝对值坐标，W 为相对值坐标，本编程示例为混合编程格式。

任务拓展

加工如图 4-2 所示的零件，毛坯尺寸为 $\phi35$ mm×70 mm，材质为 45 钢，试编写数控加工程序并进行加工。

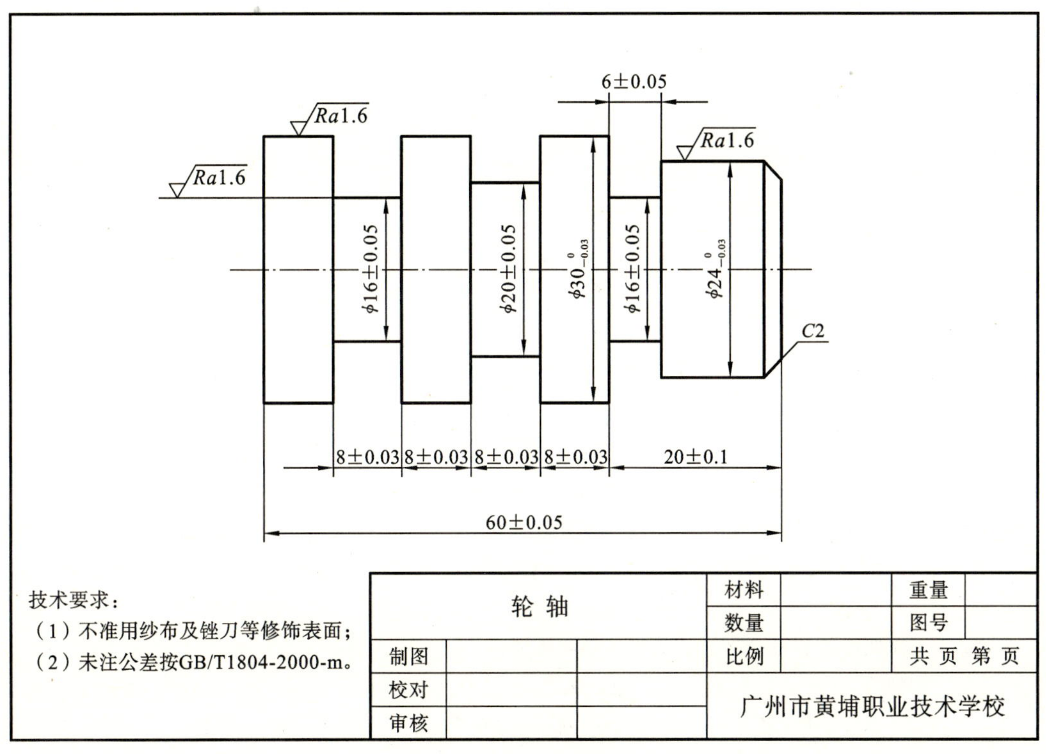

图 4-2　轮轴零件图样

拓展任务评分表如表 4-5 所示。

表 4-5 评分表

第________组________号机床　日期：________年______月______日　星期：____第________节

工种	数控车工				姓名				总分		
加工时间	开始：　月　日　时　分　　结束：　月　日　时　分								实际操作时间		
序号	工件技术要求	配分	精度等级	量具	学生自测评分			教师测评			单项综合得分
					实测尺寸	得分	扣分	实测尺寸	得分	扣分	
1			按照 GB/T 1804-2000-m	测量范围 0～150 mm，精度 0.02 mm 游标卡尺，圆弧倒角量规，粗糙度样板							
2											
3											
4											
5											
6											
7											
8											
9											
10											
11											
扣分说明	(1) 尺寸扣分标准：超出公差值的四分之一数值段，扣配分的一半分数；超出公差值的二分之一数值段，该尺寸的配分为 0。每个表面的表面粗糙度 Ra 分配 1 分，不合格即扣 1 分。 (2) 操作过程中出现违反数控车工操作安全要求的现象，立即取消实习资格，经过安全教育后才能继续实习。有事故苗头者或出现事故者（撞刀、撞机床、物品飞出等）立即停止操作，查明原因后再决定是否允许开展后续实习。 (3) 安全文明生产标准：工、量、刃、洁具摆放整齐，机床卫生，良好的礼节礼貌等。 (4) 综合得分：剔除偶然因素，一般以教师和学生的测评分数之和的二分之一为综合得分。如果师生的评分相差太大，应找出正确的一方，以正确一方的评分为主。 (5) 作业分数：以实际批改的为准。										

巩固训练

加工如图 4-3 所示的零件，毛坯尺寸为 ϕ50 mm×100 mm，材质为 45 钢，注意分析工件的形状特点，编写数控加工程序并进行模拟仿真加工。

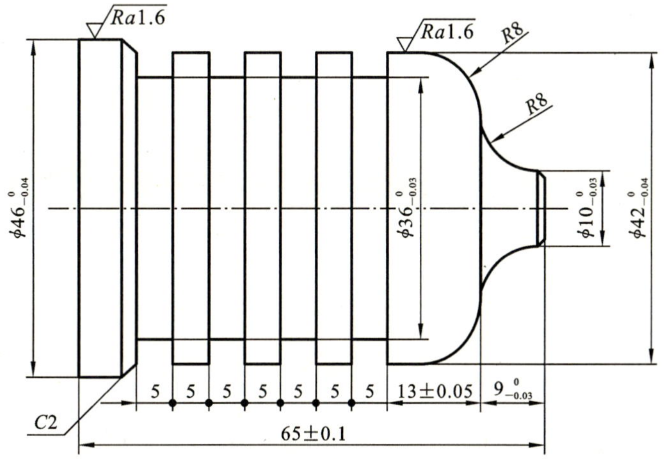

技术要求：
(1) 不准用纱布及锉刀等修饰表面；
(2) 未注公差按GB/T1804-2000-m；
(3) 未注倒角C1。

多槽轴			材料		重量	
			数量		图号	
制图			比例		共 页 第 页	
校对			广州市黄埔职业技术学校			
审核						

图 4-3　多槽轴零件图样

项目五

轮槽零件加工

本项目通过讲解轮槽类零件的数控车削加工，让读者了解轮槽类零件加工工艺的特点，能根据技术要求制定轮槽类零件的加工工艺；利用相应的三角函数计算公式计算节点；编写轮槽类零件加工的主程序和子程序，根据需要反复调用子程序；操作数控机床完成加工，并有效进行质量控制。

任务引入

加工如图 5-1 所示的零件，毛坯尺寸为 ϕ75 mm×80 mm，材料为 45 钢，圆棒，单件，试编写数控加工程序并进行加工。

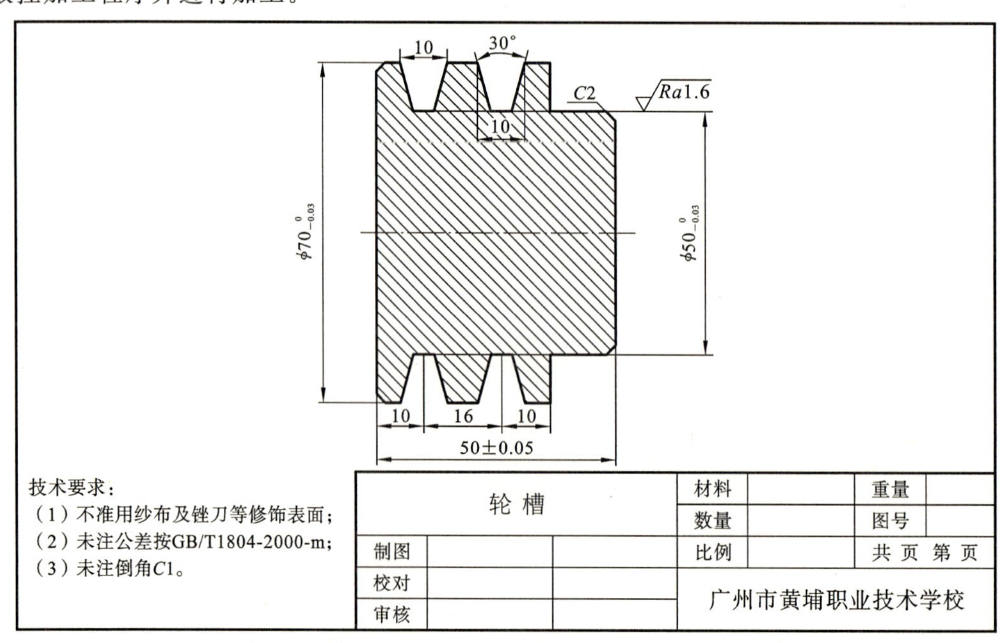

图 5-1　轮槽零件图样

任务实施

步骤一　加工工艺制定

1）零件图样工艺分析

图 5-1 所示的零件为轮槽类零件，该零件的特点是比较短圆，中间有若干个皮带轮槽，有较高的表面粗糙度要求；需加工 $\phi50$ mm、$\phi70$ mm 外圆两个，顶宽为 10 mm、角度为 30°的皮带轮槽 2 个。尺寸公差选择 IT8，表面粗糙度值为 $Ra1.6$ μm，零件材料为 45 钢，无热处理及硬度要求。

通过上述分析，拟采取的工艺措施如下。

（1）编程数值采用绝对值坐标，以工件左端面为零点。

（2）进行皮带轮槽相关参数计算：如图 5-2 所示，顶宽为 10 mm，单边高度为 10 mm，角度为 30°，其底宽计算方法如下。

① 作辅助图：经过两个端点作垂直线和水平线，得出两个三角形，经分析，两个三角形具有相似性，可以得出结论，$L_1=L_2$。

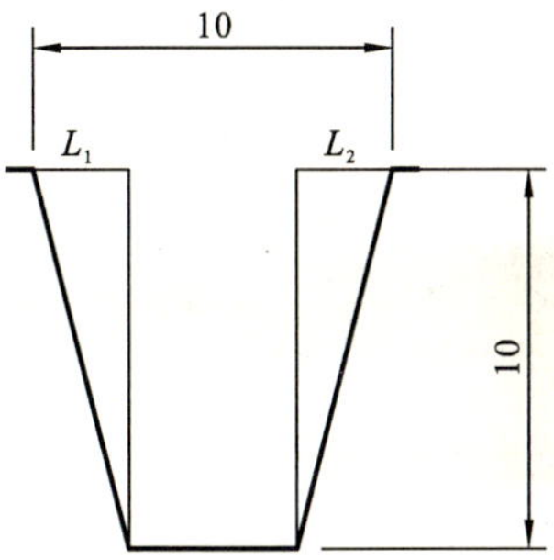

② 由于垂直线位于端点中间，实际上已经平分了 30°，即单边角度为 15°。

图 5-2　轮槽底宽计算方法

③ 由于辅助图为直角三角形，可以用三角函数来求出 L_1 和 L_2 线段，用顶宽 10 mm 减去 L_1 和 L_2 线段即可得出底宽长度。

④ 其计算结果如下：$\tan15°=L_1/10$，经查表 $\tan15°=0.268$，即

$$0.268=L_1/10$$

$$L_1=0.268\times10=2.68\ (\text{mm})$$

求出底宽$=10-L_1-L_2=10-2.68-2.68=4.64$(mm)。

2）设备选择

根据零件图样要求，选用经济型数控车床即可达到要求，故选用 CK0630 型数控卧式直床身车床。

3）定位基准与装夹方式确定

（1）定位基准：以坯料中心轴线及右端面为定位基准。

（2）装夹方式：采用三爪自定心卡盘定心夹紧。

4）加工工序及路线规划

加工工序按由粗到精、由近到远、由左到右的原则确定，即先从右到左进行粗车，预留一定的余量后进行精车。具体加工路线如下。

（1）粗车 $\phi50$ mm 外圆、$\phi70$ mm 外圆，径向留 0.3 mm 余量，轴向留 0.1 mm 余量。

(2) 精车 ϕ50 mm 外圆、ϕ70 mm 外圆至尺寸要求，并倒角。

(3) 用切槽刀切槽至尺寸要求。

(4) 检查各尺寸精度，总长预留 0.5 mm 的平端面余量，切断工件。

(5) 调头平端面，保证总长，倒角。

5) 刀具选择及切削用量选择

根据加工工序及加工路线规划，结合零件特征及尺寸要求，其刀具及切削用量选用如表 5-1 所示。

表 5-1 数控加工刀具卡

刀具号	刀具名称	数量	加工内容	主轴转速 /(r/min)	进给量 /(mm/r)	背吃刀量 /mm
T0101	90°外圆粗车刀	1	粗车外圆	800	0.3	2.0
T0202	90°外圆精车刀	1	精车外圆	1000	0.1	0.2
T0303	4 mm 切槽刀	1	切皮带轮槽	400	0.1	2.0
T0404	4 mm 切断刀	1	切断	400	0.1	2.0

6) 工件坐标系、对刀点、换刀点确定

以工件右端面与轴心线的交点为加工原点，建立工件坐标系。采用手动试切对刀法，以右端面作为对刀点。换刀点设置在坐标系安全位置即可。

7) 填写数控加工工艺卡

数控加工工艺卡是编程加工程序的主要依据，也是操作人员进行数控加工的指导性文件，综合以上分析，工序卡中需填写的内容有工步号、工步内容、各工步刀具及切削用量等参数，具体如表 5-2 所示。

表 5-2 数控加工工艺卡

<table>
<tr><td colspan="2" rowspan="2">数控加工工艺卡</td><td>产品名称/代号</td><td>零件名称</td><td>零件图号</td></tr>
<tr><td></td><td>轮槽</td><td>5-1</td></tr>
<tr><td>工序号</td><td>使用设备</td><td>夹具名称</td><td>车间</td><td>毛坯类型/尺寸</td></tr>
<tr><td>002</td><td>数控车床</td><td>三爪卡盘</td><td>数控实训中心</td><td>45 钢，圆棒，ϕ75 mm×80 mm</td></tr>
</table>

工步号	工步内容	刀具号	主轴转速 /(r/min)	进给量 /(mm/r)	背吃刀量 /mm	备注
1	粗车 ϕ70 mm 外圆	T0101	800	0.3	2.0	
2	精车 ϕ70 mm 外圆	T0202	1000	0.1	0.2	
3	切槽	T0303	400	0.1	2.0	
4	切断	T0404	400	0.1	2.0	
5						

续表

编制：	审核：	批准：		年　月　日	共　页第　页	

步骤二　程序编制

（1）编制数控加工主程序，如表 5-3 所示。

表 5-3　数控加工程序

程　　序	说　　明
O0001	主程序名
N0010 G99	确认进给量的单位为 mm/r
N0020 M03 S800	主轴正转，转速为 800 r/min
N0030 T0101	选用 1 号刀，执行 1 号刀补
N0040 G00 X77 Z3	快速接近毛坯，切削起点定位
N0050 G71 U2 R1	粗车外圆，单边切削 2 mm，退刀 1 mm
N0060 G71 P70 Q140 U0.3 W0 F0.2	径向预留精加工余量 0.3 mm，轴向预留精加工余量 0.1 mm
N0070 G00 X0	快速移动到径向零点
N0080 G01 Z0	车向轴向零点
N0090 X46	车到倒角起点
N0100 X50 Z−2	倒 *C*2 角
N0110 Z−14	车 ϕ50 mm 台阶外圆
N0120 X68	车到倒角起点
N0130 X70 Z−15	倒 *C*1 角
N0140 Z−55	车到工件总长，预留切断长度 5 mm
N0150 G00 X100 Z100	快速返回安全位置
N0160 M05	主轴停转
N0170 M00	程序暂停
N0180 T0202 M03 S1000	选择 2 号精车刀并执行 2 号刀补，主轴正转，转速为 1000 r/min
N0190 G00 X77 Z3	精车定位
N0200 G70 P70 Q140 F0.1	精车外圆

续表

程　　序	说　　明
N0210 G00 X100 Z100	快速返回安全位置
N0220 M05	主轴停转
N0230 M00	程序暂停
N0240 T0303 M03 S400	选择 3 号切槽刀，主轴正转，转速为 400 r/min
N0250 G00 X75 Z－26.32	第一个皮带轮槽定位
N0260 M98 P010002	调子程序，切第一个皮带轮槽
N0270 G00 X75 Z－42.32	第二个皮带轮槽定位
N0280 M98 P010002	调子程序，切第二个皮带轮槽
N0290 G00 X100 Z100	快速返回安全位置
N0300 M05	主轴停转
N0310 M00	程序暂停
N0320 T0404 M03 S400	选择 4 号切断刀，主轴正转，转速为 400 r/min
N0330 G00 X75 Z－54.5	切断定位，预留 0.5 mm 平端面
N0340 G75 R1	切断工件，退刀 1 mm
N0350 G75 X0 W0 P2000 Q2000 F0.1	切断工件，每次进刀 2 mm，移动 2 mm，进给量为 0.1 mm/r
N0360 G00 X100 Z100	快速返回安全位置
N0370 M05	主轴停转
N0380 T0100	换回 1 号刀并取消刀偏
N0390 M30	程序结束

（2）编制数控加工了程序如表 5-4 所示。

表 5-4　数控加工子程序

程　　序	说　　明
O0002	子程序名
N0010 G01 X50 F0.1	切退刀槽，刀宽 4 mm
N0020 G00 X75	快速退回起点
N0030 W2.68	车刀快速向轴向正向移动）
N0040 G01 X70	车向左边斜边起点）
N0050 X50 W－2.68	车皮带轮左侧斜边
N0060 G00 X75	快速退回起点
N0070 W－0.64	车刀快速向轴向负向移动 0.64 mm 补偿

续表

程　　序	说　　明
N0080 W－2.68	车刀快速向轴向负向移动
N0090 G01 X70	车向右边斜边起点
N0100 X50 W2.68	车皮带轮右侧斜边
N0110 G00 X75	快速退回起点
N0110 W0.64	车刀快速向轴向正向移动 0.64 mm 补偿
N0120 M99	子程序结束

步骤三　计算机软件模拟仿真验证

开启专用模拟仿真软件，设置对应的数控车床，安装相应刀具；设置好加工原点，对好刀具，输入数控程序，进行虚拟仿真加工；进行工艺、加工路线、程序的检验，并根据检验结果，适当调整工艺参数，直至最优方案确定，以保证实操加工的可靠性。

步骤四　零件加工

1）数控程序输入

在 MDI 模式下，通过面板将经过验证的加工程序输入到数控系统中，并检查输入的正误。

2）对刀

(1) 正确装夹坯料，确定装夹牢靠、坯料伸出长度满足加工需要。

(2) MDI 模式下，输入 M03 S800，启动主轴转动。

(3) X 轴方向对刀：使用试切对刀法，采用手轮/手动操作模式，试切外圆，并测量外圆直径，记录参数，输入数值至 01 号偏置相应位置处，完成 X 轴方向对刀。

(4) Z 轴方向对刀：手轮/手动模式下，车削端面，测量工件长度，在 01 号偏置相应位置处输入数据，完成 Z 轴方向对刀。

3）加工与质量控制

调取相应的数控程序，关闭机床防护门，做好相应的安全措施，启动机床，进行粗车加工；粗车加工完成后，测量零件尺寸，并修正偏差值；继续加工，直至零件尺寸符合图样要求。

知识链接

1. 调用子程序

1）子程序的定义

数控机床的加工程序可以分成主程序和子程序两种，主程序是一个完整的零件加工程序，或是零件加工程序的主体部分。但是在编制加工程序时，有时会遇到一组程序段在一个程序中多次出现，或者几个程序中都要使用某组程序段的情况，这组典型的加工程序段可以做成固定程序，并单独命名，这组程序段就称为子程序。

2）子程序的建立

(1) 子程序的结构：子程序与主程序相似，由子程序名、子程序内容和子程序结束指令组成，示例如下。

```
O××××;        子程序名
……;           子程序内容
M99;           子程序结束并返回主程序。
```

(2) 子程序的用途：将子程序存储于数控系统中，主程序在执行过程中，如果需要使用某一子程序，可以通过一定指令调用。一个子程序里，还可以调用下一级的子程序，如此循环可以调用四级子程序。子程序必须在主程序结束指令后建立，其作用相当于一个固定程序。

3）子程序的调用

在主程序中，调用子程序的指令是一个程序段，其格式为：

```
M98 PΔΔΔ××××;
```

格式中符号的说明如下。

(1) M98：调用子程序指令。

(2) P：子程序符号。

(3) ΔΔΔ：子程序重复调用次数，可以是0～999。当不指定重复次数时，子程序只调用一次。

(4) ××××：子程序序号。

示例1：

M98 P51002；表示连续调用子程序"O1002"五次。

示例2：

G00 X100.0 M98 P1200；表示在X坐标方向快速运动到坐标(X100.0,W0)后调用子程序"O1200"一次。

(5) 子程序返回主程序指令M99：子程序结束，执行M99使控制程序返回到主程序。

(6) 说明：

① 子程序执行完请求的次数后，用M99返回到主程序M98的下一段程序继续执行。

② 省略循环次数，默认循环次数为1次。

4）华中系统子程序格式

(1) M98：调用子程序指令。

(2) M99：子程序结束指令，执行M99使控制程序返回到主程序。

(3) 调用子程序格式：

```
M98 P4 L4;
```

指令说明如下。

P4：被调用的子程序号，"4"表示4位数字。

L4：被调用的子程序的重复调用次数，"4"表示4位数字。

(4)子程序的格式：

```
O0001;(子程序序号,华中系统还有用“% ”符号表示程序号指令)
……;(子程序内容)
M99;(子程序结束,返回主程序)
```

5）子程序的嵌套

子程序可以嵌套四级,如图 5-3 所示。

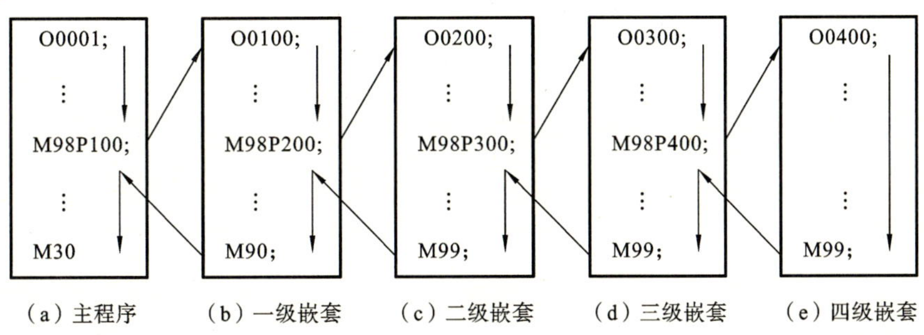

图 5-3　子程序的嵌套

2. 常用三角函数计算公式

常用三角函数计算参数如图 5-4 所示,三角函数计算公式如表 5-5 所示。

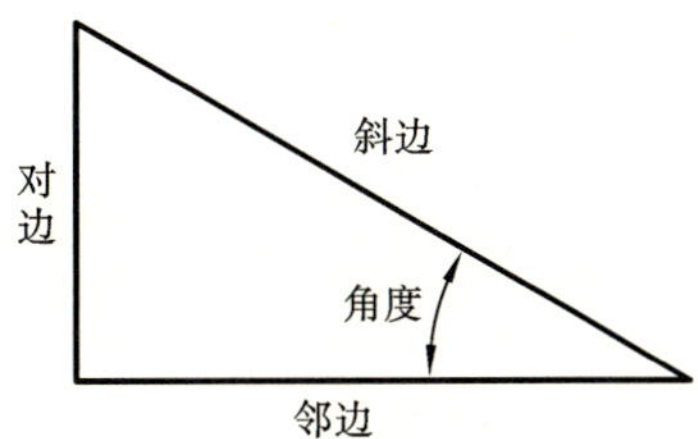

图 5-4　三角函数计算参数

表 5-5　三角函数

1. 正弦三角函数计算公式	2. 余弦三角函数计算公式
(1) 公式:sinA＝对边∶斜边; (2) 记住常用的正弦三角函数: $\sin30°=0.5$ $\sin45°=\frac{\sqrt{2}}{2}\approx0.7071$ $\sin60°=\frac{\sqrt{3}}{2}\approx0.8660$ $\sin90°=1$	(1) 公式:cosA＝邻边∶斜边; (2) 记住常用的余弦三角函数: $\cos0°=1$ $\cos30°=\frac{\sqrt{3}}{2}\approx0.8660$ $\cos45°=\frac{\sqrt{2}}{2}\approx0.7071$ $\cos60°=0.5$ $\cos90°=0$

续表

3.正切三角函数计算公式	4.余切三角函数计算公式
(1) 公式:tanA=对边:邻边; (2) 记住常用的正切三角函数: $\tan 0°=0$ $\tan 30°=\frac{\sqrt{3}}{3}\approx 0.5773$ $\tan 45°=1$ $\tan 60°=\sqrt{3}\approx 1.7320$ $\tan 90°=$无	(1) 公式:cotA=邻边:对边; (2) 记住常用的余切三角函数: $\cot 0°=$无 $\cot 30°=\sqrt{3}\approx 1.7320$ $\cot 45°=1$ $\cot 60°=\frac{\sqrt{3}}{3}\approx 0.5773$ $\cot 90°=0$

任务拓展

加工如图 5-5 所示的零件,毛坯尺寸为 ϕ40 mm×100 mm,材质为 45 钢,试编程并加工。

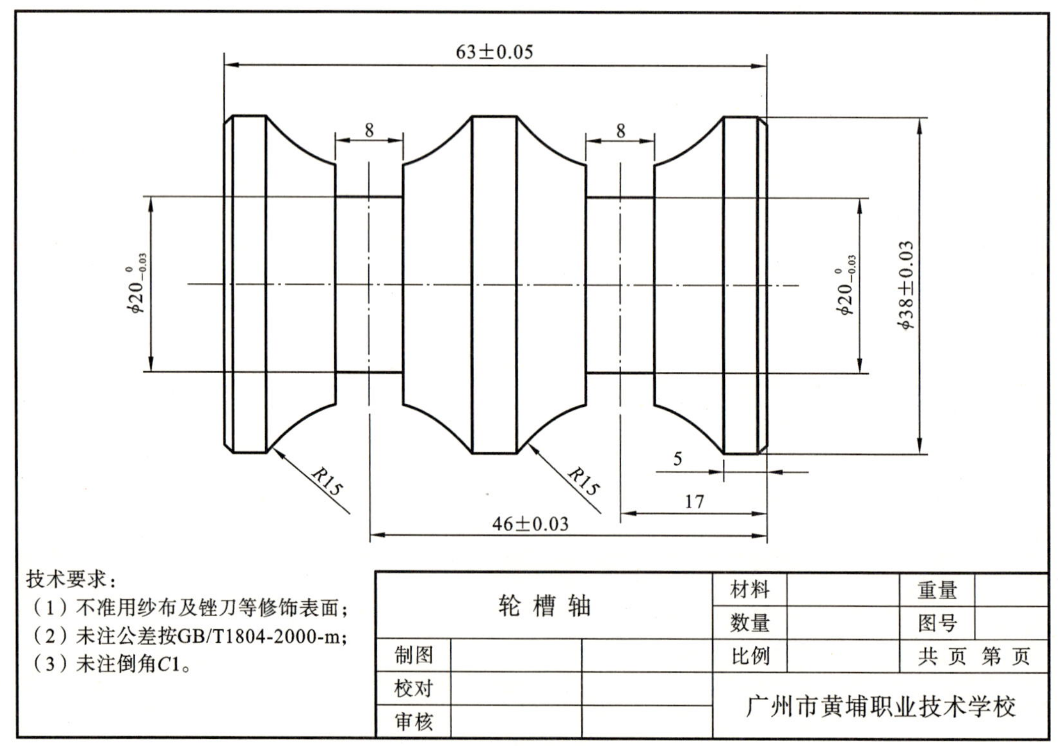

图 5-5 轮槽轴零件图样

拓展任务评分表如表 5-6 所示。

表 5-6　评分表

第________组________号机床　日期：________年______月______日　星期：____第________节

工种	数控车工	姓名		总分	
加工时间	开始：　月　日　时　分　　结束：　月　日　时　分			实际操作时间	

序号	工件技术要求	配分	精度等级	量具	学生自测评分			教师测评			单项综合得分
					实测尺寸	得分	扣分	实测尺寸	得分	扣分	
1			按照 GB/T 1804-2000-m	测量范围 0～150 mm，精度 0.02 mm 游标卡尺，圆弧倒角量规，粗糙度样板							
2											
3											
4											
5											
6											
7											
8											
9											
10											
11											
扣分说明	(1) 尺寸扣分标准：超出公差值的四分之一数值段，扣配分的一半分数；超出公差值的二分之一数值段，该尺寸的配分为 0。每个表面的表面粗糙度 *Ra* 分配 1 分，不合格即扣 1 分。 (2) 操作过程中出现违反数控车工操作安全要求的现象，立即取消实习资格，经过安全教育后才能继续实习。有事故苗头者或出现事故者(撞刀、撞机床、物品飞出等)立即停止操作，查明原因后再决定是否允许开展后续实习。 (3) 安全文明生产标准：工、量、刃、洁具摆放整齐，机床卫生，良好的礼节礼貌等。 (4) 综合得分：剔除偶然因素，一般以教师和学生的测评分数之和的二分之一为综合得分。如果师生的评分相差太大，应找出正确的一方，以正确一方的评分为主。 (5) 作业分数：以实际批改的为准。										

项目六

轴套零件加工

本项目通过讲解轴套类零件的数控车削加工，让读者了解薄壁零件和内孔加工、定位的特点，能根据技术要求制定轴套零件的加工工艺，应用复合循环等指令完成轴套类零件的程序编制，操作数控机床完成加工，并有效进行质量控制。

任务引入

加工如图 6-1 所示的零件，毛坯尺寸为 ϕ45 mm×100 mm，材料为 45 钢，圆棒，单件，试编写数控加工程序并进行加工。

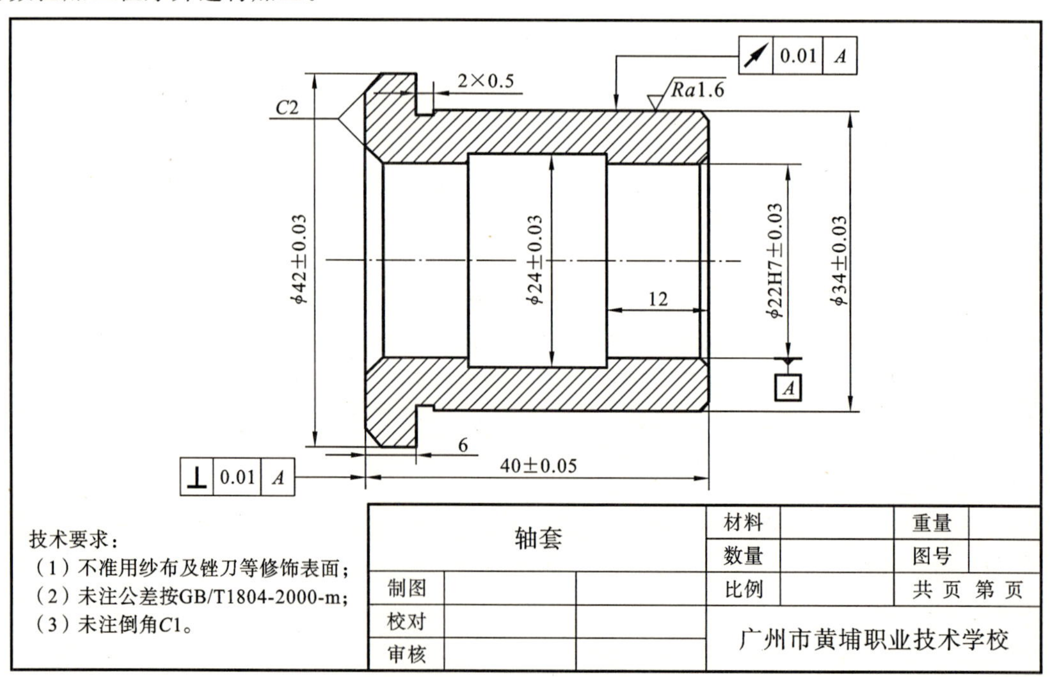

图 6-1　轴套零件图样

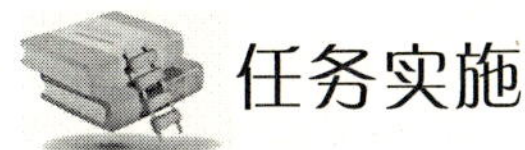

任务实施

步骤一 加工工艺制定

1）零件图样工艺分析

图 6-1 所示的零件为轴套类零件，该类零件的特点是比较短，中间空。本任务需要加工 ϕ34 mm、ϕ42 mm 两个外圆，ϕ22 mm 内孔 1 个，ϕ24 mm 内槽 1 个，2 mm×0.5 mm 外槽 1 个。整个工件有较高的配合公差以及形位公差，零件材料为 45 钢，无热处理及硬度要求。其尺寸标注完整，轮廓清晰。

2）设备选择

根据零件图样要求，选用经济型数控车床即可达到要求，故选用 CK0630 型数控卧式直床身车床。

3）定位基准与装夹方式确定

(1) 定位基准：以坯料中心轴线及左端面为定位基准。

(2) 装夹方式：采用三爪自定心卡盘定心夹紧。

4）加工工序及路线规划

加工工序按由粗到精、先内后外、由近到远、由右到左的原则确定，即先从右到左进行粗车，预留一定的余量后进行精车。具体加工路线如下。

(1) 钻 ϕ10 mm×45 mm 内孔。

(2) 扩 ϕ20 mm×45 mm 内孔。

(3) 粗车 ϕ34 mm、ϕ42 mm 两个外圆，径向留 0.3 mm 余量，轴向留 0.1 mm 余量。

(4) 精车 ϕ34 mm、ϕ42 mm 两个外圆至尺寸要求，并倒角。

(5) 切 2 mm×0.5 mm 外槽至尺寸要求。

(6) 粗车 ϕ22 mm 内孔。

(7) 精车 ϕ22 mm 内孔。

(8) 预留 1 mm 切断工件。

(9) 工件调头，夹 ϕ34 mm 外圆，平端面定总长，倒 $C2$ 内、外角。

(10) 切 ϕ24 mm×16 mm 内槽。

5）刀具选择及切削用量选择

根据加工工序及加工路线规划，结合零件特征及尺寸要求，其刀具及切削用量选用如表 6-1 所示。

6）工件坐标系、对刀点、换刀点确定

以工件右端面与轴心线的交点 O 为加工原点，建立工件坐标系。采用手动试切对刀法，以 O 点作为对刀点。换刀点设置在坐标系安全位置即可。

表 6-1 数控加工刀具卡

刀具号	刀具名称	数量	加工内容	主轴转速 /(r/min)	进给量 /(mm/r)	背吃刀量 /mm
尾座安装	ϕ10 mm 直柄麻花钻	1	手动钻孔	500	0.5	3.0
尾座安装	ϕ20 mm 锥柄麻花钻	1	手动扩孔	500	0.5	3.0
T0101	90°外圆半精车刀	1	粗、精车外圆	1000	0.3	1.5
T0202	2 mm 切槽刀	1	切槽	400	0.2	2.0
T0303	内孔刀	1	粗、精车内孔	800	0.2	1.0
T0404	4 mm 切断刀	1	切断工件	400	0.2	2.0
T0505	端面刀	1	平端面倒外角	800	0.2	1.0
T0606	4 mm 内槽刀	1	车内槽	400	0.2	2.0

7）填写数控加工工艺卡

数控加工工艺卡是编程加工程序的主要依据，也是操作人员进行数控加工的指导性文件，综合以上分析，工序卡中需填写的内容有工步顺序、工步内容、各工步所用的刀具及切削用量等参数，具体如表 6-2 所示。

表 6-2 数控加工工艺卡

<table>
<tr><td colspan="2" rowspan="2">数控加工工艺卡</td><td colspan="2">产品名称/代号</td><td colspan="2">零件名称</td><td>零件图号</td></tr>
<tr><td colspan="2"></td><td colspan="2">轴套</td><td>6-1</td></tr>
<tr><td>工序号</td><td>使用设备</td><td>夹具名称</td><td colspan="2">车间</td><td colspan="2">毛坯类型/尺寸</td></tr>
<tr><td>002</td><td>数控车床</td><td>三爪卡盘</td><td colspan="2">数控实训中心</td><td colspan="2">45 钢，圆棒，ϕ45 mm×100 mm</td></tr>
<tr><td>工步号</td><td>工步内容</td><td>刀具号</td><td>主轴转速 /(r/min)</td><td>进给量 /(mm/r)</td><td>背吃刀量 /mm</td><td>备注</td></tr>
<tr><td>1</td><td>手动钻 ϕ10 mm 孔</td><td>尾座安装</td><td>500</td><td>0.5</td><td>3.0</td><td></td></tr>
<tr><td>2</td><td>手动扩 ϕ20 mm 孔</td><td>尾座安装</td><td>500</td><td>0.5</td><td>3.0</td><td></td></tr>
<tr><td>3</td><td>粗、精车外圆</td><td>T0101</td><td>1000</td><td>0.3</td><td>1.5</td><td></td></tr>
<tr><td>4</td><td>切槽</td><td>T0202</td><td>400</td><td>0.2</td><td>2.0</td><td></td></tr>
<tr><td>5</td><td>粗、精车内孔</td><td>T0303</td><td>800</td><td>0.2</td><td>1.0</td><td></td></tr>
<tr><td>6</td><td>切断工件</td><td>T0404</td><td>400</td><td>0.2</td><td>2.0</td><td></td></tr>
<tr><td>7</td><td>平端面倒外角</td><td>T0505</td><td>800</td><td>0.2</td><td>1.0</td><td></td></tr>
<tr><td>8</td><td>车内槽</td><td>T0606</td><td>400</td><td>0.2</td><td>2.0</td><td></td></tr>
<tr><td></td><td></td><td></td><td></td><td></td><td></td><td></td></tr>
<tr><td></td><td></td><td></td><td></td><td></td><td></td><td></td></tr>
<tr><td></td><td></td><td></td><td></td><td></td><td></td><td></td></tr>
<tr><td></td><td></td><td></td><td></td><td></td><td></td><td></td></tr>
<tr><td></td><td></td><td></td><td></td><td></td><td></td><td></td></tr>
<tr><td>编制：</td><td>审核：</td><td>批准：</td><td colspan="2">年 月 日</td><td colspan="2">共 页 第 页</td></tr>
</table>

步骤二　程序编制

(1) 编制钻、扩孔，粗、精车外圆，切槽，粗、精车内孔，切断工件的数控加工程序，如表 6-3 所示。

表 6-3　数控加工程序

程　序	说　明
O0001	主程序名
N0010 G99	确认进给量的单位为 mm/r
N0020 M03 S800	主轴正转，转速为 800 r/min
N0030 T0101	选用 1 号半精车刀，执行 1 号刀补
N0040 G00 X47 Z3	快速接近毛坯，切削起点定位
N0050 G71 U1.5 R1	粗车外圆，单边切削 2 mm，退刀 1 mm
N0060 G71 P70 Q140 U0.3 W0 F0.2	径向预留精加工余量 0.3 mm，轴向预留精加工余量 0.1 mm
N0070 G00 X16	快速移动到径向零点
N0080 G01 Z0	车向轴向零点
N0090 X32	车到倒角起点
N0100 X34 Z−1	倒 $C1$ 角
N0110 Z−34	车 ϕ34 mm 台阶外圆
N0120 X41	车到倒棱起点
N0130 X42 Z−35	倒棱
N0140 Z−45	车到工件总长，预留长度 5 mm
N0150 G00 X100 Z100	快速返回安全位置
N0160 M05	主轴停转
N0170 M00	程序暂停
N0180 T0101 M03 S1000	选择 1 号半精车刀并执行 1 号刀补，主轴正转，转速为 1000 r/min
N0190 G00 X47 Z3	精车定位
N0200 G70 P70 Q140 F0.1	精车外圆
N0210 G00 X100 Z100	快速返回安全位置
N0220 M05	主轴停转

续表

程　序	说　明
N0230 M00	程序暂停
N0240 T0202 M03 S400	选择 2 号切槽刀，主轴正转，转速为 400 r/min
N0250 G00 X45 Z−34	切槽定位
N0260 G01 X33 F0.1	切槽
N0270 G00 X45	退刀
N0280 G00 X100 Z100	快速返回安全位置
N0290 M05	主轴停转
N0300 M00	程序暂停
N0310 T0303 M03 S800	选择 3 号内孔刀，主轴正转，转速为 800 r/min
N0320 G00 X18 Z3	快速接近毛坯，切削起点定位
N0330 G71 U1 R1	粗车内孔，单边切削 1 mm，退刀 1 mm
N0340 G71 P350 Q380 U−0.3 W0 F0.2	径向预留精加工余量 0.3 mm，轴向预留精加工余量 0.1 mm
N0350 G00 X24	快速移动到倒角起点
N0360 G01 Z0	车到轴向起点
N0370 X22 Z−1	倒 C1 角
N0380 Z−42	车内孔
N0390 G70 P3 Q4 F0.1	精车内孔
N0400 G00 X100 Z100	快速返回安全位置
N0410 M05	主轴停转
N0420 M00	程序暂停
N0430 T0404 M03 S400	选择 4 号切断刀，主轴正转，转速为 400 r/min
N0440 G00 X47 Z−44.5	切断定位，预留 0.5 mm 平端面
N0450 G75 R1	切断工件，退刀 1 m
N0460 G75 X16 W0 P2000 Q2000 F0.1	切断工件，每次进刀 2 mm，移动 2 mm，进给量为 0.1 mm/r
N0470 G00 X100 Z100	快速返回安全位置
N0480 M05	主轴停转
N0490 T0100	换回 1 号刀并取消刀偏
N0500 M30	程序结束

(2) 工件调头，夹 ϕ34 mm 外圆，以 ϕ34 mm 和 ϕ42 mm 相交端面为定位基准，编制平端面，粗、精车内槽的数控加工程序，如表 6-4 所示。

表 6-4　数控加工程序

程　　序	说　　明
O0001	主程序名
N0010 G99	确认进给量的单位为 mm/r
N0020 M03 S800	主轴正转，转速为 800 r/min
N0030 T0505	选用 5 号端面刀，执行 5 号刀补
N0040 G00 X45 Z－2	快速接近毛坯，切削起点定位
N0050 G01 X42 F0.2	车到倒角起点
N0060 X38 Z0	倒 *C*2 角
N0070 X20	平端面，定总长
N0080 G00 Z10	快速向轴主正向退刀
N0090 G00 X100 Z100	快速返回安全位置
N0100 M05	主轴停转
N0110 M00	程序暂停
N0120 T0606 M03 S400	选择 6 号内槽刀并执行 6 号刀补，主轴正转，转速为 400 r/min
N0130 G00 X20 Z10	内槽粗定位
N0140 G00 Z－6	内槽精定位
N0150 G75 R1	切内槽，退刀 1 m
N0160 G75 X23.9 Z－28 P2000 Q3000 F0.2	切内槽，每次进刀 2 mm，移动 2 mm，进给量为 0.2 mm/r
N0170 G01 X24 F0.1	精车内槽定位
N0180 Z－28	精车内槽
N0190 G00 X20	快速退出内槽
N0200 G00 Z10	快速返回内槽粗定位
N0210 G00 X100 Z100	快速返回安全位置
N0220 M05	主轴停转
N0230 M30	程序结束

步骤三 计算机软件模拟仿真验证

开启专用模拟仿真软件，设置对应的数控车床，安装相应刀具；设置好加工原点，对好刀具，输入数控程序，进行虚拟仿真加工；进行工艺、加工路线、程序的检验，并根据检验结果，适当调整工艺参数，直至最优方案确定，以保证实操加工的可靠性。

步骤四 零件加工

1）数控程序输入

在MDI模式下，通过面板将经过验证的加工程序输入数控系统中，并检查输入的正误。

2）对刀

（1）正确装夹坯料，确定装夹牢靠、坯料伸出长度满足加工需要。

（2）MDI模式下，输入M03 S500，启动主轴转动。

（3）X轴方向对刀：使用试切对刀法，采用手轮/手动操作模式，试切外圆，并测量外圆直径，记录参数，输入数值至01号偏置相应位置处，完成X轴方向对刀。

（4）Z轴方向对刀：手轮/手动模式下，车削端面，测量工件长度，在01号偏置相应位置处输入数据，完成Z轴方向对刀。

3）加工与质量控制

调取相应的数控程序，关闭机床防护门，做好相应的安全措施，启动机床，手动加工钻孔、扩孔，进行粗车加工；粗车加工完成后，测量零件尺寸，并修正偏差值；继续加工，直至零件尺寸符合图样要求。

知识链接

粗车循环指令G71加工内孔格式说明如下。

（1）用途：用于粗车轴向零件，以切除多余的加工余量并保留精加工余量。

（2）指令格式：

```
N4 G71 U(Δd)×× R(e)±××;
N4 G71 P(ns)×× Q(nf)×× U(Δu)±×× W(Δw)±×× F(f)×× S(s)×× T(t)××;
```

（3）指令格式说明如表6-5所示。

表6-5 指令格式说明

指令格式说明
Δd：粗加工每次车削深度（半径值，没有符号）
e：粗加工每次车削循环的X轴方向退刀量（半径值）
ns：精加工路径的第一个程序段的顺序号
nf：精加工路径的最后一个程序段的顺序号

续表

Δu：X 轴方向精加工余量的距离与方向（加工内孔时此值为负值）
Δw：Z 轴方向精加工余量的距离与方向
f：进给速度数值
s：主轴转速数值
t：刀具号及刀具偏置号（f、s、t 粗加工时 G71 编程的有效）

任务拓展

加工如图 6-2 所示的零件，毛坯尺寸为 ϕ40 mm×100 mm，材质为 45 钢，单件，试编程并加工。

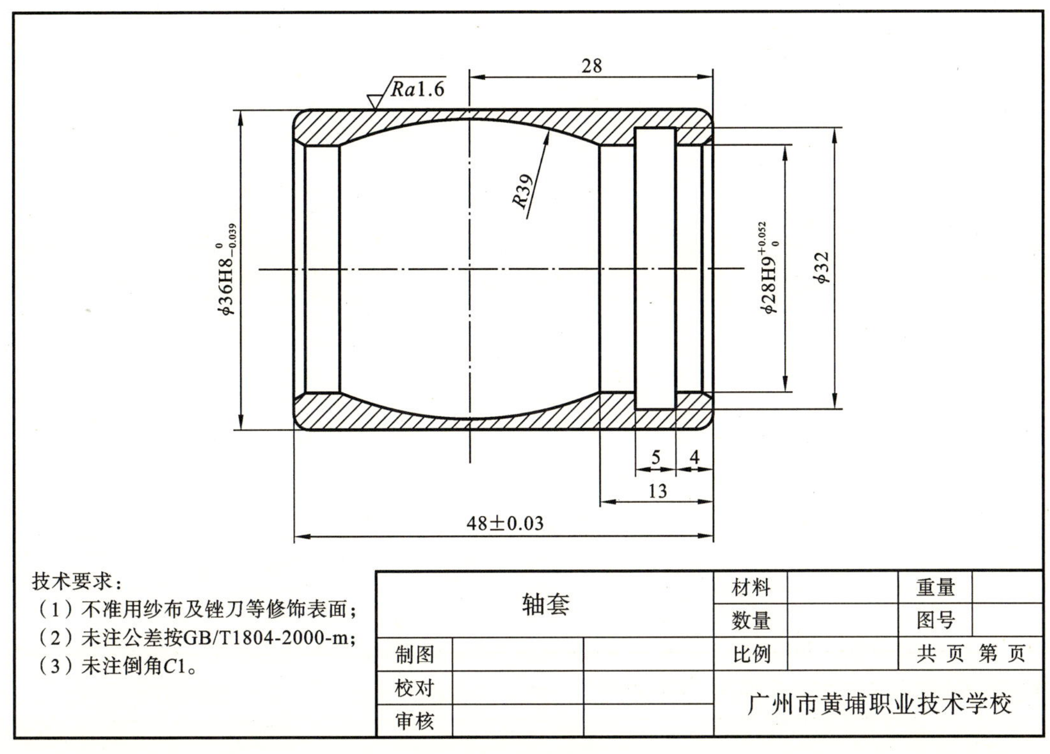

图 6-2　零件图样

拓展任务评分表如表 6-6 所示。

表 6-6 评分表

第________组________号机床 日期：________年______月______日 星期：____第________节

工种	数控车工	姓名		总分	
加工时间	开始： 月 日 时 分 结束： 月 日 时 分			实际操作时间	

序号	工件技术要求	配分	精度等级	量具	学生自测评分			教师测评			单项综合得分
					实测尺寸	得分	扣分	实测尺寸	得分	扣分	
1			按照 GB/T 1804-2000-m	测量范围 0～150 mm，精度 0.02 mm 游标卡尺，圆弧倒角量规，粗糙度样板							
2											
3											
4											
5											
6											
7											
8											
9											
10											
11											

扣分说明

(1) 尺寸扣分标准：超出公差值的四分之一数值段，扣配分的一半分数；超出公差值的二分之一数值段，该尺寸的配分为 0。每个表面的表面粗糙度 Ra 分配 1 分，不合格即扣 1 分。

(2) 操作过程中出现违反数控车工操作安全要求的现象，立即取消实习资格，经过安全教育后才能继续实习。有事故苗头者或出现事故者（撞刀、撞机床、物品飞出等）立即停止操作，查明原因后再决定是否允许开展后续实习。

(3) 安全文明生产标准：工、量、刃、洁具摆放整齐，机床卫生，良好的礼节礼貌等。

(4) 综合得分：剔除偶然因素，一般以教师和学生的测评分数之和的二分之一为综合得分。如果师生的评分相差太大，应找出正确的一方，以正确一方的评分为主。

(5) 作业分数：以实际批改的为准。

巩固训练

加工如图 6-3 所示的零件，毛坯尺寸为 ϕ55 mm×100 mm，材质为 45 钢，注意分析工件的形状特点，计算出节点坐标，制定合理加工工艺，编写数控加工程序并进行模拟仿真加工。

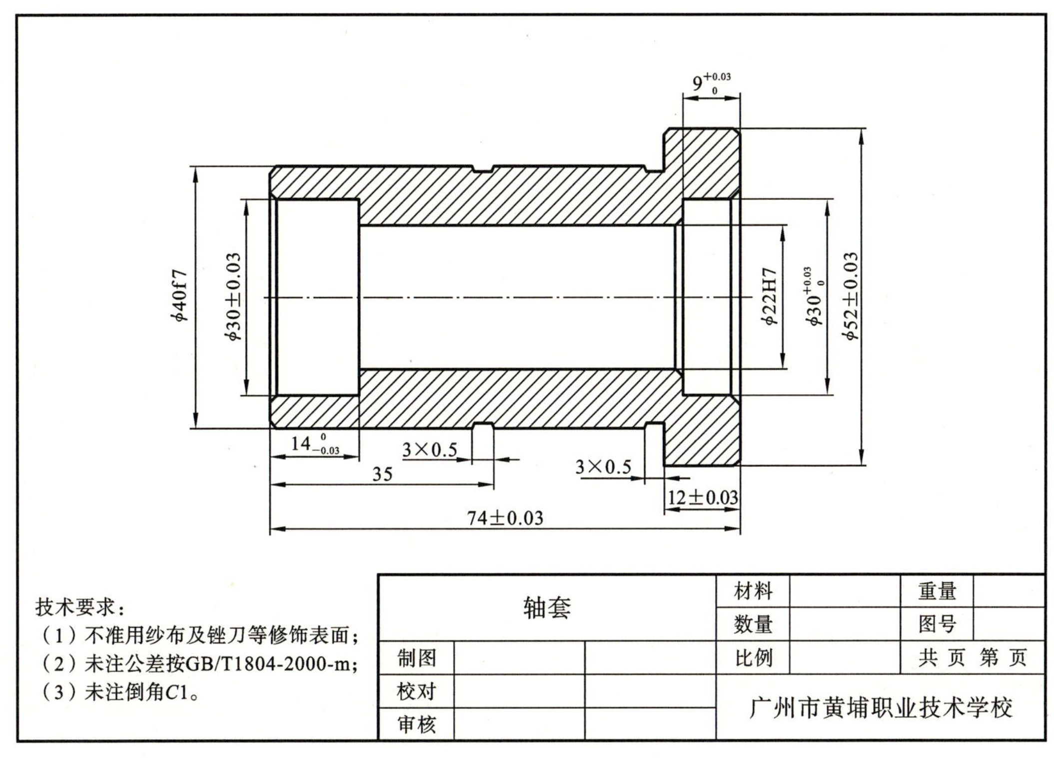

图 6-3　零件图样

项目七

螺纹零件加工

本项目通过讲解螺纹零件的数控车削加工，让读者熟练应用计算公式完成螺纹相关参数的计算，能根据技术要求制定单线圆柱直螺纹的一般加工工艺，并了解多线螺纹的加工工艺，应用单一型螺纹循环指令及复合型螺纹循环指令完成螺纹零件的程序编制，操作数控机床完成加工，并有效进行质量控制。

任务引入

加工如图 7-1 所示的零件，毛坯尺寸为 ϕ40 mm×100 mm，材料为 45 钢圆棒，单件，试编写数控加工程序并进行加工。

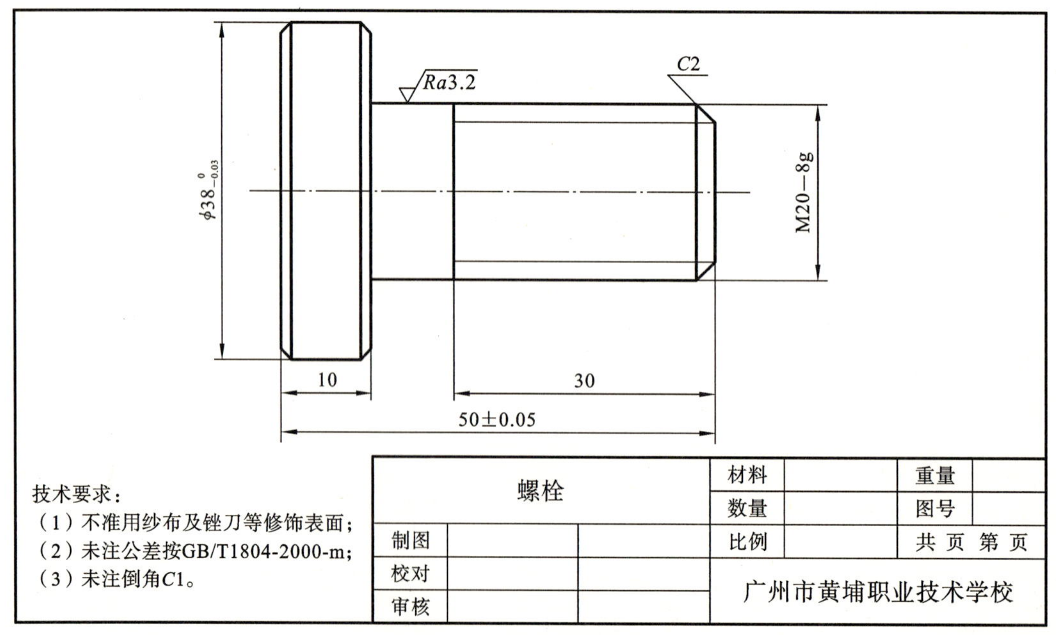

图 7-1　螺栓零件图样

任务实施

步骤一　加工工艺制定

1) 零件图样工艺分析

图 7-1 所示的零件为螺纹类零件，其基本体为轴类，表面分布着螺旋状标准粗牙螺纹，螺纹类型为单线。经查表，其螺距为 2.5 mm，需要加工螺纹外径 1 个，ϕ38 mm 台阶 1 个。整个工件有较高的配合公差，表面粗糙度值为 Ra3.2 μm。零件材料为 45 钢，无热处理及硬度要求。

2) 设备选择

根据零件图样要求，选用经济型数控车床即可达到要求，故选用 CK0630 型数控卧式直床身车床。

3) 定位基准与装夹方式确定及相关计算

(1) 定位基准：以坯料中心轴线及左端面为定位基准。

(2) 装夹方式：采用三爪自定心卡盘定心夹紧。

(3) 螺纹计算公式，以 M20×2.5 为例，有

螺纹大径　$D=\mathrm{M}\phi=20(\mathrm{mm})$

螺纹小径　$d=D-h=20-3=17(\mathrm{mm})$

螺纹牙高　$h=1.08\sim1.3P$，可取 $1.1P$、$1.2P$、$1.3P$，通常取 $1.2P=1.2\times2.5=3(\mathrm{mm})$

螺纹导程　$P=2.5(\mathrm{mm})$

(4) 螺纹分割要素：每次切削深度要小，留 0.2 mm 精车余量，切削转速不超过 500 r/min。

4) 加工工序及路线规划

加工工序按由粗到精、先内后外、由近到远、由右到左的原则确定，即先从右到左进行粗车，预留一定的余量后进行精车。具体加工路线如下。

(1) 粗车 ϕ20 mm、ϕ38 mm 两个外圆，径向留 0.3 mm 加工余量，轴向留 0.1 mm 加工余量。

(2) 精车 ϕ20 mm、ϕ38 mm 两个外圆至尺寸要求，并倒角。

(3) 车螺纹。

(4) 切断工件。

5) 刀具选择及切削用量选择

根据加工工序及加工路线规划，结合零件特征及尺寸要求，其刀具及切削用量选用如表 7-1 所示。

6) 工件坐标系、对刀点、换刀点确定

以工件右端面与轴心线的交点 O 为加工原点，建立工件坐标系。采用手动试切对刀法，以 O 点作为对刀点。换刀点设置在坐标系安全位置即可。

表 7-1　数控加工刀具卡

刀具号	刀具名称	数量	加工内容	主轴转速/(r/min)	进给量/(mm/r)	背吃刀量/mm
T0101	90°外圆粗车刀	1	粗车外圆	800	0.3	1.5
T0202	90°外圆精车刀	1	精车外圆	1000	0.1	0.2
T0303	60°螺纹刀	1	车螺纹	400	0.2	0.5
T0404	4 mm 切断刀	1	切断工件	400	0.2	2.0

7）填写数控加工工艺卡片

数控加工工艺卡是编程加工程序的主要依据，也是操作人员进行数控加工的指导性文件，综合以上分析，工序卡中需填写的内容有工步顺序、工步内容、各工步所用的刀具及切削用量等参数，具体如表 7-2 所示。

表 7-2　数控加工工艺卡

<table>
<tr><td colspan="3" rowspan="2">数控加工工艺卡</td><td colspan="2">产品名称/代号</td><td>零件名称</td><td colspan="2">零件图号</td></tr>
<tr><td colspan="2"></td><td>螺栓</td><td colspan="2">7-1</td></tr>
<tr><td>工序号</td><td colspan="2">使用设备</td><td>夹具名称</td><td colspan="2">车间</td><td colspan="2">毛坯类型/尺寸</td></tr>
<tr><td>002</td><td colspan="2">数控车床</td><td>三爪卡盘</td><td colspan="2">数控实训中心</td><td colspan="2">45 钢，圆棒，ϕ40 mm×100 mm</td></tr>
<tr><td>工步号</td><td colspan="2">工步内容</td><td>刀具号</td><td>主轴转速/(r/min)</td><td>进给量/(mm/r)</td><td>背吃刀量/mm</td><td>备注</td></tr>
<tr><td>1</td><td colspan="2">粗车 ϕ20 mm、ϕ38 mm 外圆</td><td>T0101</td><td>800</td><td>0.3</td><td>1.5</td><td></td></tr>
<tr><td>2</td><td colspan="2">精车 ϕ20 mm、ϕ38 mm 外圆</td><td>T0202</td><td>1000</td><td>0.1</td><td>0.2</td><td></td></tr>
<tr><td>3</td><td colspan="2">车 M20 螺纹</td><td>T0303</td><td>400</td><td>0.2</td><td>0.5</td><td></td></tr>
<tr><td>4</td><td colspan="2">切断工件</td><td>T0404</td><td>400</td><td>0.2</td><td>2.0</td><td></td></tr>
<tr><td colspan="2">编制：</td><td>审核：</td><td colspan="2">批准：</td><td colspan="2">年　月　日</td><td>共　页第　页</td></tr>
</table>

步骤二　程序编制

编制螺栓零件数控加工程序，如表 7-3 所示。

表 7-3　数控加工程序

程　　序	说　　明
O0001	主程序名
N0010 G99	确认进给量的单位为 mm/r
N0020 M03 S800	主轴正转，转速为 800 r/min
N0030 T0101	选用 1 号粗车刀，执行 1 号刀补
N0040 G00 X42 Z3	快速接近毛坯，切削起点定位
N0050 G71 U1.5 R1	粗车外圆，单边切削 2 mm，退刀 1 mm
N0060 G71 P70 Q140 U0.3 W0 F0.2	径向预留精加工余量 0.3 mm，轴向预留精加工余量 0.1 mm
N0070 G00 X0	快速移动到径向零点
N0080 G01 Z0	车向轴向零点
N0090 X16	车到螺纹倒角起点
N0100 X20 Z−2	倒 $C2$ 角
N0110 Z−40	车 ϕ20 mm 台阶外圆
N0120 X36	车到倒角起点
N0130 X38 Z−41	倒 $C1$ 角
N0140 Z−55	车到工件总长，预留长度 5 mm
N0150 G00 X100 Z100	快速返回安全位置
N0160 M05	主轴停转
N0170 M00	程序暂停
N0180 T0202 M03 S1000	选择 2 号精车刀并执行 2 号刀补，主轴正转，转速为 1000 r/min
N0190 G00 X42 Z3	精车定位
N0200 G70 P70 Q140 F0.1	精车外圆
N0210 G00 X100 Z100	快速返回安全位置
N0220 M05	主轴停转
N0230 M00	程序暂停
N0240 T0303 M03 S400	选择 3 号螺纹刀并执行 3 号刀补，主轴正转，转速为 400 r/min
N0250 G00 X22 Z5	螺纹定位

续表

程　　序	说　　明
N0260 G92 X19.0 Z−30 F2.5	车第一刀螺纹小径至 19.0 mm，螺纹长度为 30 mm，导程为 2.5 mm
N0270 X18.5	车第二刀螺纹小径至 18.5 mm
N0280 X18.0	车第三刀螺纹小径至 18.0 mm
N0290 X17.5	车第四刀螺纹小径至 17.5 mm
N0300 X17.2	车第五刀螺纹小径至 17.2 mm，留 0.2 mm 精车
N0310 X17.0	车第六刀螺纹小径至 17.0 mm，为最终尺寸，精车完成
N0320 G00 X100 Z100	快速返回安全位置
N0330 M05	主轴停转
N0340 M00	程序暂停
N0350 T0404 M03 S400	选择 4 号切断刀并执行 4 号刀补，主轴正转，转速为 400 r/min
N0360 G00 X42 Z−55	切断定位
N0370 G75 R1	切断工件，退刀 1 m
N0380 G75 X0 W0 P2000 Q2000 F0.1	切断工件，每次进刀 2mm，移动 2mm，进给量 0.1 mm/r
N0390 G00 X100 Z100	快速返回安全位置
N0400 M05	主轴停转
N0410 T0100	换回 1 号刀并取消刀偏
N0420 M30	程序结束

步骤三　计算机软件模拟仿真验证

开启专用模拟仿真软件，设置对应的数控车床，安装相应刀具；设置好加工原点，对好刀具，输入数控程序，进行虚拟仿真加工；进行工艺、加工路线、程序的检验，并根据检验结果，适当调整工艺参数，直至最优方案确定，以保证实操加工的可靠性。

步骤四　零件加工

1）数控程序输入

在 MDI 模式下，通过面板将经过验证的加工程序输入数控系统中，并检查输入的正误。

2）对刀

(1) 正确装夹坯料，确定装夹牢靠、坯料伸出长度满足加工需要。

(2) MDI 模式下，输入 M03 S800，启动主轴转动。

(3) X 轴方向对刀：使用试切对刀法，采用手轮/手动操作模式，试切外圆，并测量外圆直径，记录参数，输入数值至 01 号偏置相应位置处，完成 X 轴方向对刀。

(4) Z 轴方向对刀：手轮/手动模式下，车削端面，测量工件长度，在 01 号偏置相应位置处输入数据，完成 Z 轴方向对刀。

3）加工与质量控制

调取相应的数控程序，关闭机床防护门，做好相应的安全措施，启动机床，进行粗车加工；粗车加工完成后，测量零件尺寸，并修正偏差值；继续加工，直至零件尺寸符合图样要求。

知识链接

1. 螺纹切削循环指令

1）螺纹固定循环指令 G92

(1) 用途：该指令可以切削圆柱螺纹和圆锥螺纹。

(2) G92 指令加工圆柱螺纹格式：

```
N4 G92 X(U)±×× Z(W)±×× F××;
```

G92 指令加工圆柱螺纹格式说明如表 7-4 所示。

表 7-4　指令格式说明

说明
X、Z：为螺纹每次循环切削终点的坐标值
U、W：为螺纹每次循环切削终点相对循环起点的坐标分量（X、Z 轴方向增量坐标）
F：螺纹长轴方向的导程

G92 指令加工圆柱螺纹循环如图 7-2 所示。

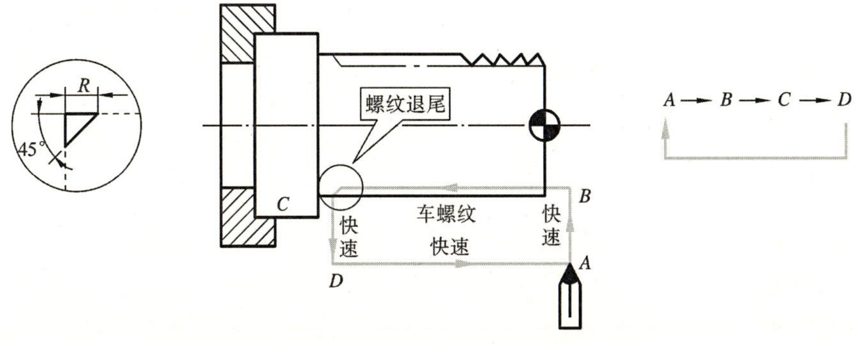

图 7-2　G92 指令加工圆柱螺纹循环图示

G92 指令加工单头圆柱螺纹编程案例：如图 7-3 所示，工件毛坯外径为 40 mm，已加工完圆柱螺纹的毛坯尺寸，螺纹 M30×2，螺纹小径 $D_1=\phi27.84$ mm，分 3 刀车完，试用 G92 指令编写加工程序。

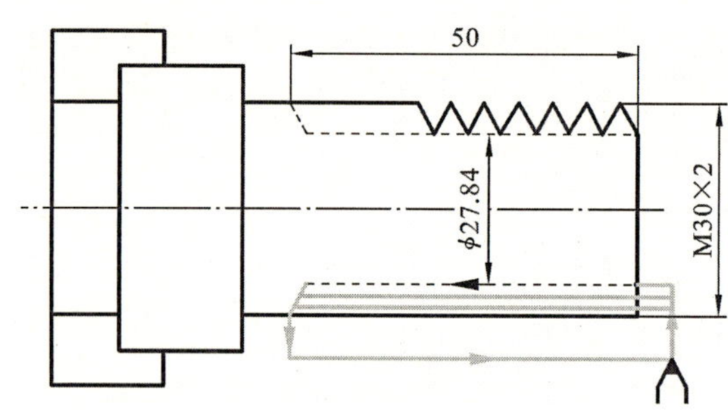

图 7-3 单头圆柱螺纹编程案例

单头圆柱螺纹数控加工程序如表 7-5 所示(前面工艺省略)。

表 7-5 数控加工程序

程　　序	说　　明
O0005	程序名
N10 G99	确定进给速度参数
N20 M03 S01	主轴正传
N30 T0303	公制外螺纹刀,第 3 组刀补
N40 G00 X32.0 Z5.0	G92 指令循环定位
N50 G92 X29.0 Z−50.0 F2.0	车削第一刀
N60 X28.0	车削第二刀
N70 X27.84	车削第三刀
N80 G00 X100.0 Z100.0	退回换刀点
N90 T0300 M05	取消刀补,主轴停转
N100 M30	加工结束,系统复位

(3) G92 指令加工圆锥螺纹格式:

N4 G92 X(U)±×× Z(W)±×× R±×× F××;

G92 指令加工圆锥螺纹格式说明如表 7-6 所示。

表 7-6 指令格式说明

X、Z:为螺纹每次循环切削终点的坐标值
U、W:为螺纹每次循环切削终点相对循环起点的坐标分量(X、Z 轴方向增量坐标)
R:圆锥螺纹切削起点和切削终点的半径差,有正负号(即圆锥螺纹切削起点的半径减去圆锥螺纹切削终点的半径差值),为非模态值
F:螺纹长轴方向的导程

G92 指令加工圆锥螺纹循环如图 7-4 所示。

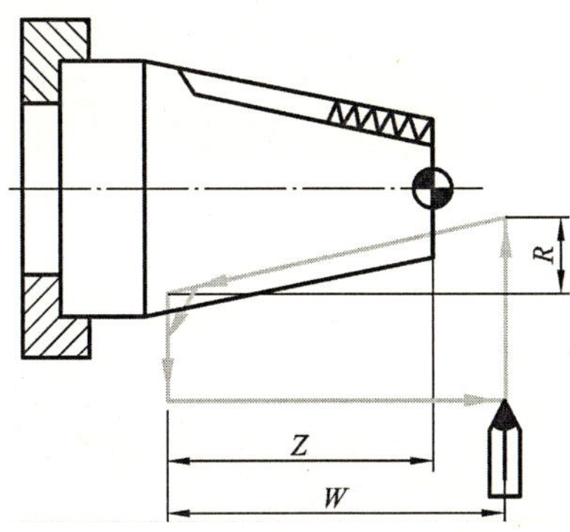

图 7-4　G92 **加工圆锥螺纹循环图示**

G92 指令加工单头圆锥螺纹编程案例：如图 7-5 所示，工件毛坯外径为 40 mm，已加工完圆锥螺纹的毛坯尺寸，已知米制圆锥螺纹 ZM30×2 的大径 $D=30$ mm，小径 $D_1=27.835$ mm，基准距离 $L_1=11$ mm，有效螺纹长度 $L_2=16$ mm，螺纹总长度 $L=30$ mm，试编写圆锥螺纹加工程序。

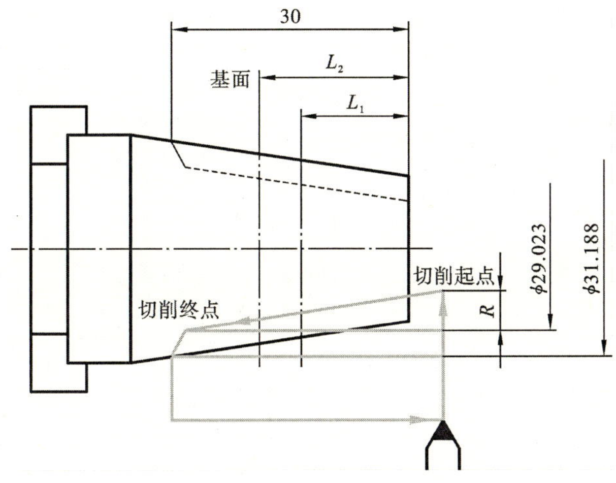

图 7-5　单头圆锥螺纹编程举例

单头圆锥螺纹数控加工程序如表 7-7 所示（前面工艺省略）。

表 7-7　数控加工程序

程　　序	说　　明
O0005	程序名
N10 G99	确定进给速度参数
N20 M03 S01	主轴正传
N30 T0303	公制外螺纹刀，第 3 组刀补
N40 G00 X45.0 Z5.0	G92 指令循环定位

续表

程　　序	说　　明
N50 G92 X30.188 Z−30.0 R−1.094 F2.0	车削第一刀
N60 X29.788 R−1.094	车削第二刀
N70 X29.023 R−1.094	车削第三刀
N80 G00 X100.0 Z150.0	退回换刀点
N90 T0300 M05	取消刀补，主轴停转
N100 M30	加工结束，系统复位

2）华中系统螺纹切削循环指令 G82

（1）圆柱螺纹切削循环指令格式：

```
N4 G82 X(U)±×× Z(W)±×× R±×× E±×× C×× P×× F××;
```

圆柱螺纹切削循环指令格式说明如表 7-8 所示。

表 7-8　指令格式说明

X(U)：绝对值编程时，X 为螺纹每次循环终点在工件坐标系的绝对坐标；增量值编程时，U 为螺纹每次循环终点相距起点的 X 轴方向的增量坐标
Z(W)：绝对值编程时，Z 为螺纹每次循环终点在工件坐标系的绝对坐标；增量值编程时，W 为螺纹每次循环终点相距起点的 Z 轴方向的增量坐标
R：螺纹切削 Z 轴方向的退尾量；如果省略，表示不用 Z 轴方向回退功能
E：螺纹切削 X 轴方向的退尾量；如果省略，表示不用 X 轴方向回退功能
C：螺纹头数，为 0 或 1 时切削单头螺纹；头数为 0～99
P：单头螺纹切削时，为主轴基准脉冲处距离切削起始点的主轴转角（一般为缺省值 0）；多头螺纹切削时，为相邻螺纹头数的切削起始点之间对应的主轴转角
F：螺纹导程

（2）圆锥螺纹切削循环指令格式：

```
N4 G82 X(U)±×× Z(W)±×× I±×× R±×× E±×× C×× P×× F××;
```

圆锥螺纹切削循环指令格式说明如表 7-9 所示。

表 7-9　指令格式说明

I：螺纹起点与螺纹终点的半径差，有正负号（即圆锥螺纹切削起点的半径减去圆锥螺纹切削终点的半径差值），为非模态值
其他的指令与 G82 圆柱螺纹的相同

2. 螺纹切削指令 G32

G32 指令可以执行切削单头或多头圆柱螺纹、单头或多头圆锥螺纹、单头或多头端面螺纹(涡形螺纹)。

1) 指令格式

```
N4 G32 X(U)±×× Z(W)±×× F××;(加工公制螺纹)
N4 G32 X(U)±×× Z(W)±×× I××;(加工英制螺纹)
```

指令格式说明如表 7-10 所示。

表 7-10　指令格式说明

X、Z:螺纹每切削一刀,终点的直径方向和轴向方向的绝对坐标
U、W:螺纹每切削一刀,终点的直径方向和轴向方向的增量坐标
F:公制螺纹的导程,F=螺纹头数 n×螺距 P
I:英制螺纹的螺距

2) 使用螺纹切削指令 G32 的注意事项

(1) 从螺纹的粗加工到精加工,机床主轴的转速必须保持恒定,也不能使用恒定线速度控制功能。

(2) 进行螺纹切削时,进给保持功能无效,如果按下进给保持功能按键,刀具在加工完螺纹后将停止运动。

(3) G32 指令可采用绝对坐标或增量(相对)坐标。

(4) 螺纹切削应预留加速距离和减速距离。

进行螺纹切削前,螺纹车刀从静止到正常速度有一个加速的过程,因此螺纹刀位点距切削开始点预留有一个经验增速距离 $\delta_1=2\sim5$ mm(一般取螺距的整数倍)。当螺纹刀位点距离切削开始点的距离小于此距离时,可能导致螺纹是一个不完全的螺纹,如图 7-6 所示。

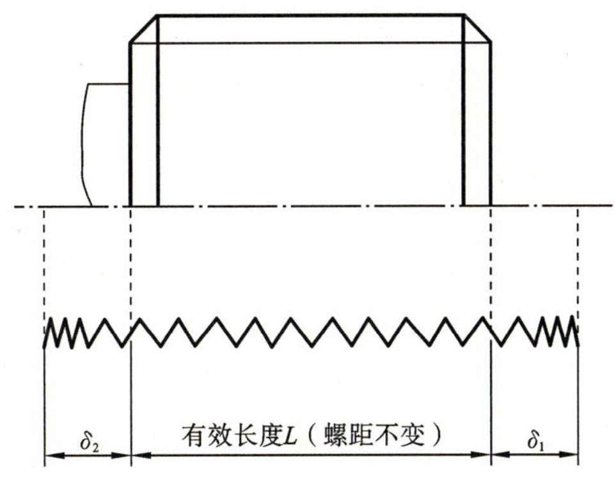

图 7-6　螺纹的进刀和退刀距离

螺纹切削后,螺纹车刀从正常速度到静止有一个减速的过程,因此螺纹刀位点应超过切削终点一段距离,这一经验距离为 $\delta_2=1\sim3$ mm,如图 7-6 所示。

(5) 螺纹切削指令 G32 的走刀路线如图 7-7 所示,A 点是切削螺纹的定位点,沿 $A\to B\to C\to D$ 的路径走刀,其中,AB 是进刀、BC 是切削螺纹、CD 和 DA 是退刀。

(6) 为避免出现螺纹乱牙,螺纹刀位点走过的总长度(有效长度$+\delta_1+\delta_2$)最好能被螺距整除,如图 7-7 中 BC 的长度应当是螺距的整数倍。

(7) 切削螺纹时,为避免加工的牙型变形,主轴最大转速为

$$n_{max}=(1200/F)-80$$

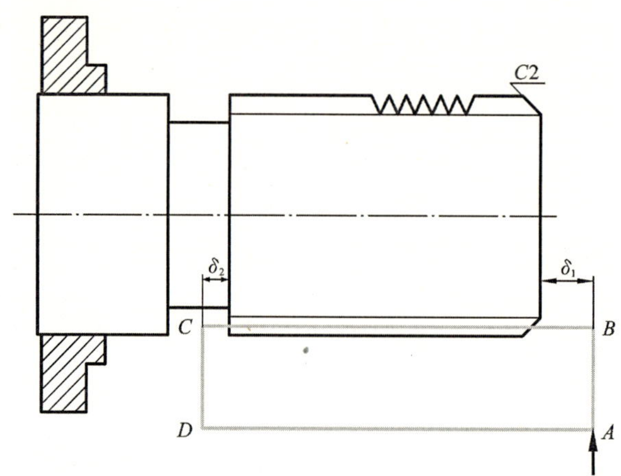

图 7-7　螺纹切削指令 G32 图示

式中，F 为螺纹导程。

注意：用 G32 指令加工螺纹时，必须有螺纹退刀槽。

3）华中系统螺纹切削指令 G32

（1）指令格式：

```
N4 G32 X(U)±×× Z(W)±×× R±×× E±×× P×× F××;
```

（2）指令格式说明如表 7-11 所示。

表 7-11　指令格式说明

X、Z：螺纹每切削一刀，终点的直径方向和轴向方向的绝对坐标
U、W：螺纹每切削一刀，终点的直径方向和轴向方向的增量坐标
R：螺纹切削终点 Z 轴方向的退尾量，以增量方式指定，有正负号。一般螺纹标准 R 取 2 倍的螺距；省略时，表示不用回退功能
E：螺纹切削终点 X 轴方向的退尾量，以增量方式指定，有正负号。一般螺纹加工时应注意：① 用 G32 指令加工螺纹时，可以没有退刀槽；② 标准 E 取螺纹的牙型高，省略时，表示不用回退功能
P：主轴基准脉冲处距离螺纹起点的主轴转角
F：螺纹的导程，F＝螺纹头数 n×螺距 P

4）走刀路线

运用螺纹切削指令 G32 加工圆锥螺纹时的走刀路线如图 7-8 所示。

3. 复合型螺纹切削循环指令 G76

复合型螺纹切削循环指令 G76 比 G92 指令简洁，可节省程序设计与计算时间，只需一次设定有关参数，则螺纹加工过程自动进行。

1）G76 指令格式

```
N4 G76 P(m)(r)(α) Q(Δdmin) R(d);
N4 G76 X(U)±×× Z(W)±×× R(i)×× P(k)×× Q(Δd)×× F(L)××;
```

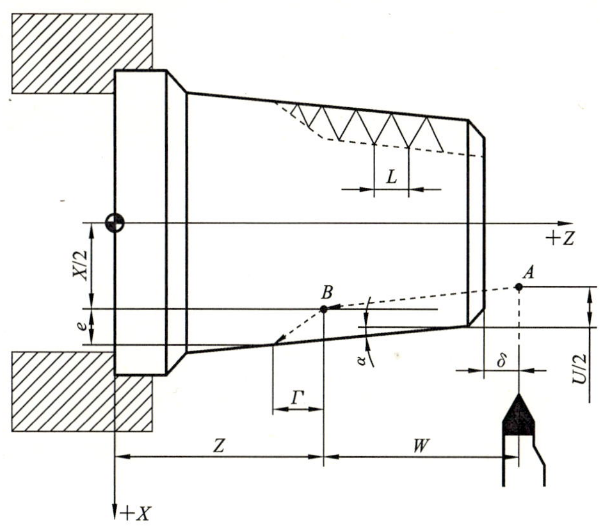

图 7-8　G32 **切削图示**

G76 指令格式说明如表 7-12 所示。

表 7-12　指令格式说明

m:精车重复次数,01～99 次,用两位数表示,该参数为模态值
r:螺纹尾端倒角值(*Z* 轴方向),该值的大小可设置为 0～9.9*L*,系数应为 0.1 的整数倍,其中,*L* 为螺纹导程,该参数为模态值
α:刀尖角度,可从 80°、60°、55°、30°、29°、0°六个角度中选择,用两位数来表示,该参数为模态值
m、r、α 用地址 P 同时指定,例如 m=2、r=1.2、α=60°,表示为 P021260
Δdmin:最小车削深度,用半径值指定,单位为微米
d:精车余量,用半径值编程指定,单位为毫米(操作说明书上的单位是微米,但是在实际操作中是毫米),该参数为模态值
X(U)、Z(W):分别为螺纹切削终点的绝对坐标和增量坐标
i:螺纹的锥度值,用半径值编程指定,即螺纹起点的半径值减去螺纹终点的半径值。如果 i=0,则为圆柱螺纹,可省略 i
k:螺纹高度,用半径值编程指定,单位为微米
Δd:第一次车削深度,用半径值编程指定,单位为微米
L:螺纹长轴方向的导程

2) 走刀路线

复合型螺纹切削循环指令 G76 走刀路线如图 7-9 所示。

3) 华中系统螺纹切削复合循环指令 G76

(1) 指令格式:

```
N4 G76 C(c) R(r) E(e) A(a) X(u) Z(w) I(i) K(k) U(d) V(Δdmin) Q(Δd) P(p) F(L);
```

指令格式说明如表 7-13 所示。

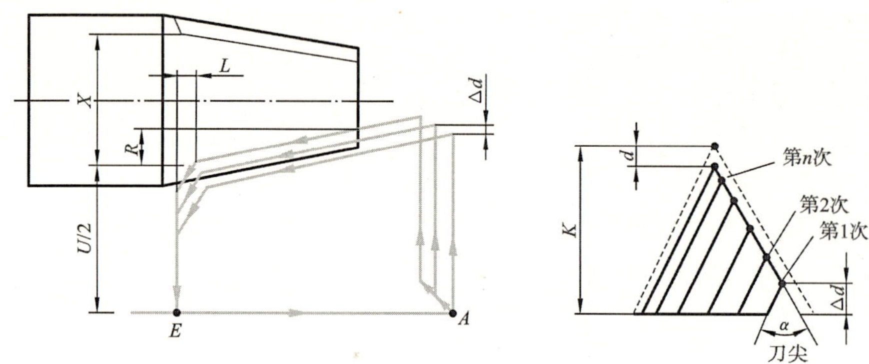

图 7-9　复合型螺纹切削循环指令 G76 走刀路线

表 7-13　指令格式说明

c:精车重复次数,01～99 次,用两位数表示,该参数为模态值
r:螺纹 Z 轴方向退尾长度(00～99),用两位数表示,该参数为模态值
e:螺纹 X 轴方向退尾长度(00～99),用两位数表示(半径值),该参数为模态值
a:刀尖角度,用两位数表示,该参数为模态值,在 80°、60°、55°、30°、29°和 0°六个角度中选择一个
X(u)、Z(w):螺纹切削终点的绝对坐标和增量坐标
i:螺纹两端的半径差,即螺纹的锥度值,用半径值编程指定,即螺纹起点的半径值减去螺纹终点的半径值。如果 i=0 则为圆柱螺纹,可省略 i
k:螺纹高度,用半径值编程指定,单位为毫米
d:精加工余量(半径值),单位为毫米
Δdmin:螺纹最小切削深度(半径值),单位为毫米
Δd:第一次切削深度(半径值),单位为毫米
p:主轴基准脉冲处距离切削起点的主轴转角
L:螺纹导程

(2) 华中系统螺纹切削复合循环指令 G76 的走刀路线如图 7-10 所示。

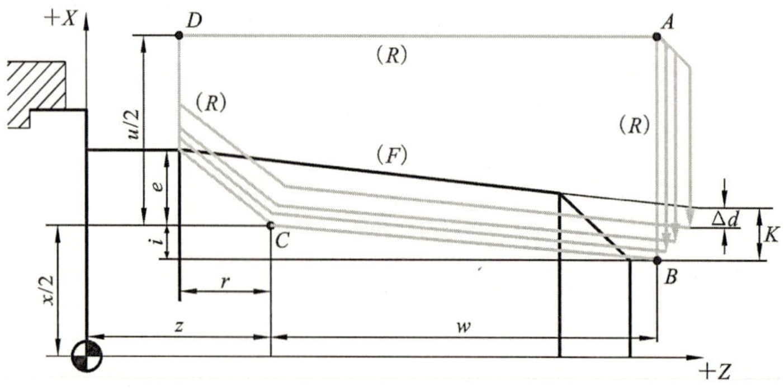

图 7-10　华中系统 G76 指令车削螺纹的走刀路线

4）车削螺纹的进刀方式

用 G76 加工螺纹采用的是斜进式进刀法，因为是单刃切削，因此可使刀尖的负荷减轻，以避免“啃刀现象”的发生。如图 7-11 所示的斜进式进刀方法适用于车削较大螺距螺纹。

5）案例

如图 7-12 所示，圆柱螺纹 M68×6，已知螺纹小径 D_1＝61.505 mm、牙型高 3.894 mm，第一次切削深度为 1.8 mm，加工螺纹的毛坯已经加工完成。试用不同软件编制螺纹加工程序。

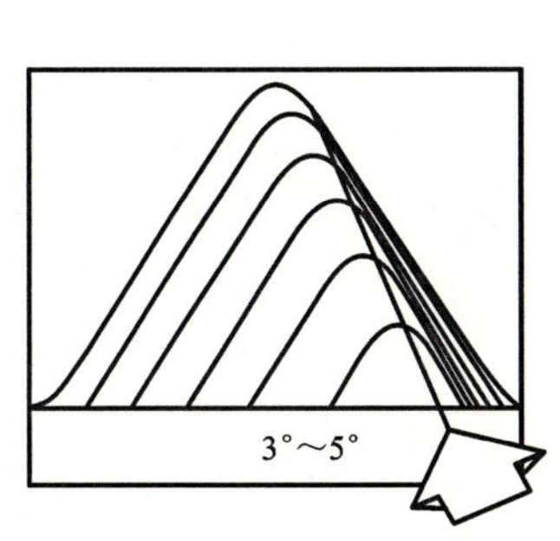

图 7-11　斜进式进刀

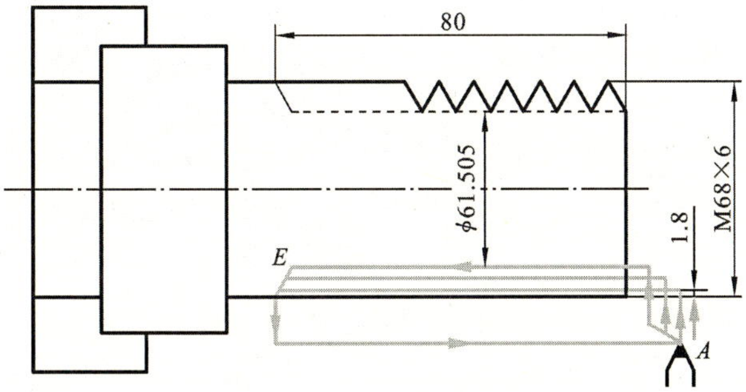

图 7-12　G76 **指令切削螺纹**

(1) 用 FANUC 系统编程，程序如表 7-14 所示（前面的工艺步骤省略）。

表 7-14　数控加工程序

程　　序	说　　明
O0001	程序名
G99	设定进给速度的单位为 r/min
N10 M03 S80	设定主轴转速为 80 r/min
N20 T0303	3 号公制外螺纹刀，第 3 组刀补
N30 G00 X80.0 Z18.0	快速进刀，到螺纹切削起点
N40 G76 P021060 Q100 R0.2	重复精车 2 次，螺纹尾端倒角呈 45°退刀，牙型角 60°，螺纹最小切削深度（半径值）100 μm，精车余量 0.2 mm
N50 G76 X61.505 Z－80.0 R0 P3894 Q1800 F6.0	螺纹加工终点绝对坐标
X61.505、Z－80.0	螺纹的锥度值为 0，螺纹高度 3894 微米（半径值），螺纹第一次车削深度 1800 微米（半径值），螺纹导程 6 mm
N60 G00 X100.0 Z100.0	退刀回换刀点
N70 M05 T0300	主轴停转，取消刀补
N80 M30	程序结束，系统复位

(2) 用华中系统编程，程序如表 7-15 所示（前面工艺步骤省略）。

表 7-15 数控加工程序

程序	说明
%1000 (O0001)	程序名
N10 G00 G95 X100.0 Z100.0	移动刀具回换刀点，设定进给速度的单位为 r/min
N20 M03 S80 T0303	主轴正转，80 r/min，3 号公制外螺纹刀，第 3 组刀补
N30 G00 X80.0 Z18.0	快速进刀，到螺纹切削起点
N40 G76 P02 R−3 E3 A60 X61.505 Z−80.0 I0 K3.894 U0.1 V0.1 Q1.8 P0 F6.0	重复精车 2 次，螺纹尾端退尾量 Z 轴方向 −3.0 mm、X 轴方向 3.0 mm，牙型角 60°，螺纹加工终点绝对坐标 X61.505、Z−80.0，螺纹高度 3.25 mm，螺纹精加工余量 0.1 mm，最小切削深度 0.1 mm(半径值)，第一次切削深度 1.8 mm，螺纹基准脉冲处距离切削起始点的主轴转角 0°，螺纹导程 6 mm
N50 G00 X100.0 Z100.0	快速退刀回换刀点
N60 M05 T0300	主轴停转，取消刀补
N70 M30	程序结束，系统复位

6) 多头螺纹的切削

(1) 用 G32 加工多头螺纹的指令格式有两种。

格式一：

```
N4 G32 X(U)±×× Z(W)±×× F××;
```

用格式一时，在用 G32 加工好一个头的螺纹线后，在原来的螺纹进刀定位的基础上，向进刀的反方向后退一个螺距重新定位即可，其他的参数相同。

格式二：

```
N4 G32 X(U)±×× Z(W)±×× F×× Q××××××;
```

指令格式说明如表 7-16 所示。

表 7-16 指令格式说明

X、Z：螺纹每切削一刀，终点的直径方向和轴向方向的绝对坐标
U、W：螺纹每切削一刀，终点的直径方向和轴向方向的增量坐标
F：螺纹的导程
Q6、Q：螺纹的起始角，该值为不带小数点的非模态值，单位为 0.001°；6 为 6 位数字

(2) 当加工单头螺纹时，Q 的值为零，编程为：

```
G32 X(U)±×× Z(W)±×× F×× Q0; (此处的 Q0 可省略不写)
```

当加工双头螺纹时，第一个头的螺纹的 Q 的值为零，第二个头的螺纹起点与第一个头的螺纹起点相隔 180°，则第二个头的螺纹的 Q 的值为 180000。

程序说明如表 7-17 所示。

表 7-17　数控加工程序

程　　序	说　　明
O1000	程序名
N10　……	
……	
G32　X××　Z××　F××　Q0	加工第一个头的螺纹,Q0 可省略
……	
G32　X××　Z××　F××　Q180000	加工第二个头的螺纹
……	

(3) 多头螺纹标注方法如下。

方法一:公称直径×导程(P 螺距),如 M30×3(P1.5)。

方法二:公称直径×螺距(n 头螺纹),如 M30×1.5(双头)。

方法三:公称直径×导程/螺纹头数,如 M30×3/2。

方法四:公称直径×Ph 导程 P 螺距,如 M30×Ph3P1.5。

任务拓展

单线螺纹加工:加工如图 7-13 所示的零件,毛坯尺寸为 ϕ35 mm×115 mm,材质为 45 钢,试编程并加工。

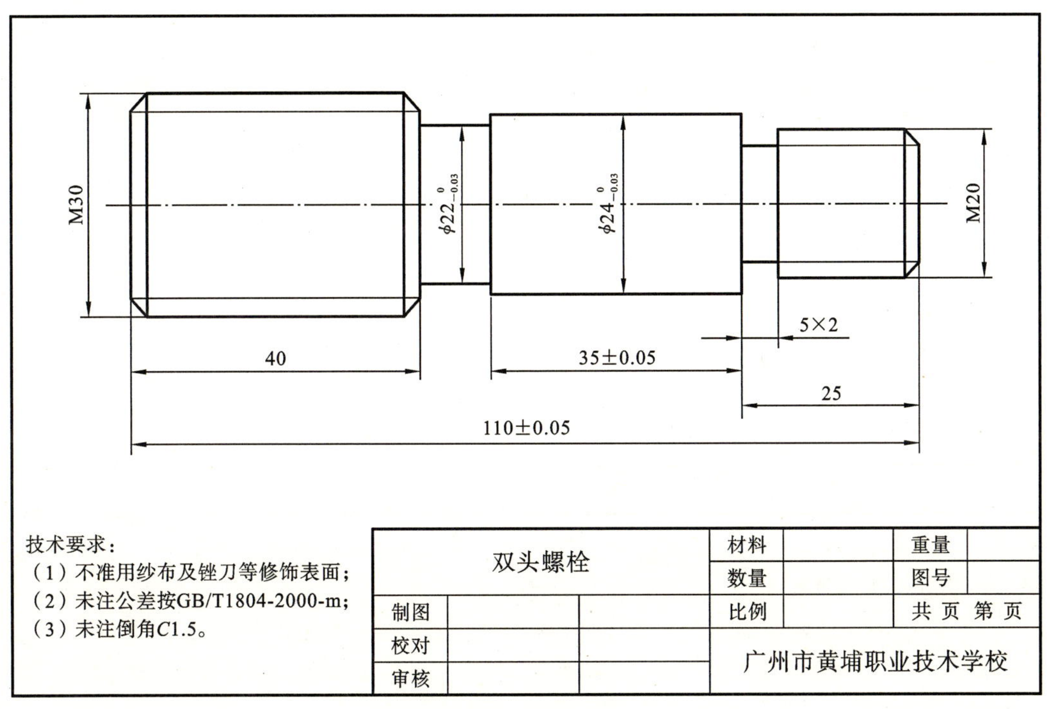

图 7-13　螺栓图样

拓展任务评分表如表 7-18 所示。

表 7-18 评分表

第________组________号机床　日期：________年______月______日　星期：____第________节

<table>
<tr><td colspan="2">工种</td><td colspan="4">数控车工</td><td colspan="2">姓名</td><td colspan="2"></td><td>总分</td><td></td></tr>
<tr><td colspan="2">加工时间</td><td colspan="8">开始：　月　日　时　分　　结束：　月　日　时　分</td><td>实际操作时间</td><td></td></tr>
<tr><td rowspan="2">序号</td><td rowspan="2">工件技术要求</td><td rowspan="2">配分</td><td rowspan="2">精度等级</td><td rowspan="2">量具</td><td colspan="3">学生自测评分</td><td colspan="3">教师测评</td><td rowspan="2">单项综合得分</td></tr>
<tr><td>实测尺寸</td><td>得分</td><td>扣分</td><td>实测尺寸</td><td>得分</td><td>扣分</td></tr>
<tr><td>1</td><td></td><td></td><td rowspan="11">按照 GB/T 1804-2000-m</td><td rowspan="11">测量范围 0～150 mm，精度 0.02 mm 游标卡尺，圆弧倒角量规，粗糙度样板</td><td></td><td></td><td></td><td></td><td></td><td></td><td></td></tr>
<tr><td>2</td><td></td><td></td><td></td><td></td><td></td><td></td><td></td><td></td><td></td></tr>
<tr><td>3</td><td></td><td></td><td></td><td></td><td></td><td></td><td></td><td></td><td></td></tr>
<tr><td>4</td><td></td><td></td><td></td><td></td><td></td><td></td><td></td><td></td><td></td></tr>
<tr><td>5</td><td></td><td></td><td></td><td></td><td></td><td></td><td></td><td></td><td></td></tr>
<tr><td>6</td><td></td><td></td><td></td><td></td><td></td><td></td><td></td><td></td><td></td></tr>
<tr><td>7</td><td></td><td></td><td></td><td></td><td></td><td></td><td></td><td></td><td></td></tr>
<tr><td>8</td><td></td><td></td><td></td><td></td><td></td><td></td><td></td><td></td><td></td></tr>
<tr><td>9</td><td></td><td></td><td></td><td></td><td></td><td></td><td></td><td></td><td></td></tr>
<tr><td>10</td><td></td><td></td><td></td><td></td><td></td><td></td><td></td><td></td><td></td></tr>
<tr><td>11</td><td></td><td></td><td></td><td></td><td></td><td></td><td></td><td></td><td></td></tr>
<tr><td></td><td></td><td></td><td></td><td></td><td></td><td></td><td></td><td></td><td></td><td></td><td></td></tr>
<tr><td></td><td></td><td></td><td></td><td></td><td></td><td></td><td></td><td></td><td></td><td></td><td></td></tr>
<tr><td></td><td></td><td></td><td></td><td></td><td></td><td></td><td></td><td></td><td></td><td></td><td></td></tr>
<tr><td></td><td></td><td></td><td></td><td></td><td></td><td></td><td></td><td></td><td></td><td></td><td></td></tr>
<tr><td></td><td></td><td></td><td></td><td></td><td></td><td></td><td></td><td></td><td></td><td></td><td></td></tr>
<tr><td></td><td></td><td></td><td></td><td></td><td></td><td></td><td></td><td></td><td></td><td></td><td></td></tr>
<tr><td>扣分说明</td><td colspan="11">(1) 尺寸扣分标准：超出公差值的四分之一数值段，扣配分的一半分数；超出公差值的二分之一数值段，该尺寸的配分为 0。每个表面的表面粗糙度 Ra 分配 1 分，不合格即扣 1 分。
(2) 操作过程中出现违反数控车工操作安全要求的现象，立即取消实习资格，经过安全教育后才能继续实习。有事故苗头者或出现事故者(撞刀、撞机床、物品飞出等)立即停止操作，查明原因后再决定是否允许开展后续实习。
(3) 安全文明生产标准：工、量、刃、洁具摆放整齐，机床卫生，良好的礼节礼貌等。
(4) 综合得分：剔除偶然因素，一般以教师和学生的测评分数之和的二分之一为综合得分。如果师生的评分相差太大，应找出正确的一方，以正确一方的评分为主。
(5) 作业分数：以实际批改的为准。</td></tr>
</table>

巩固训练

(1) 螺栓加工：加工如图 7-14 所示的零件，毛坯尺寸为 ϕ40 mm×100 mm，材质为 45 钢。注意分析工件的形状特点，制定加工工艺；选择合理的切削参数；编写数控加工程序并进行模拟仿真加工。

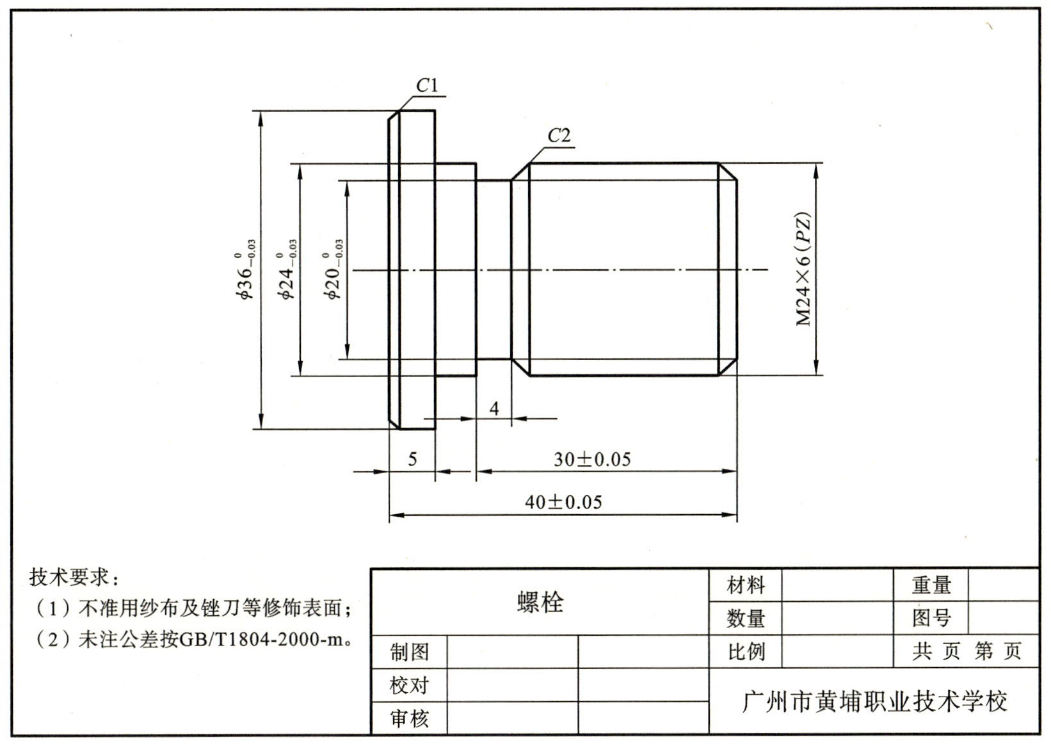

图 7-14　螺栓零件图样

(2) 端面螺纹加工：加工如图 7-15 所示的零件，毛坯尺寸为 ϕ200 mm×50 mm，材质为 45 钢。注意分析工件的形状特点，制定加工工艺；选择合理的切削参数；编写数控加工程序并进行模拟仿真加工。

(3) 内螺纹加工：加工如图 7-16 所示的零件，毛坯尺寸为 ϕ40 mm×100 mm，材质为 45 钢。注意分析工件的形状特点，制定加工工艺；选择合理的切削参数；编写数控加工程序并进行模拟仿真加工。

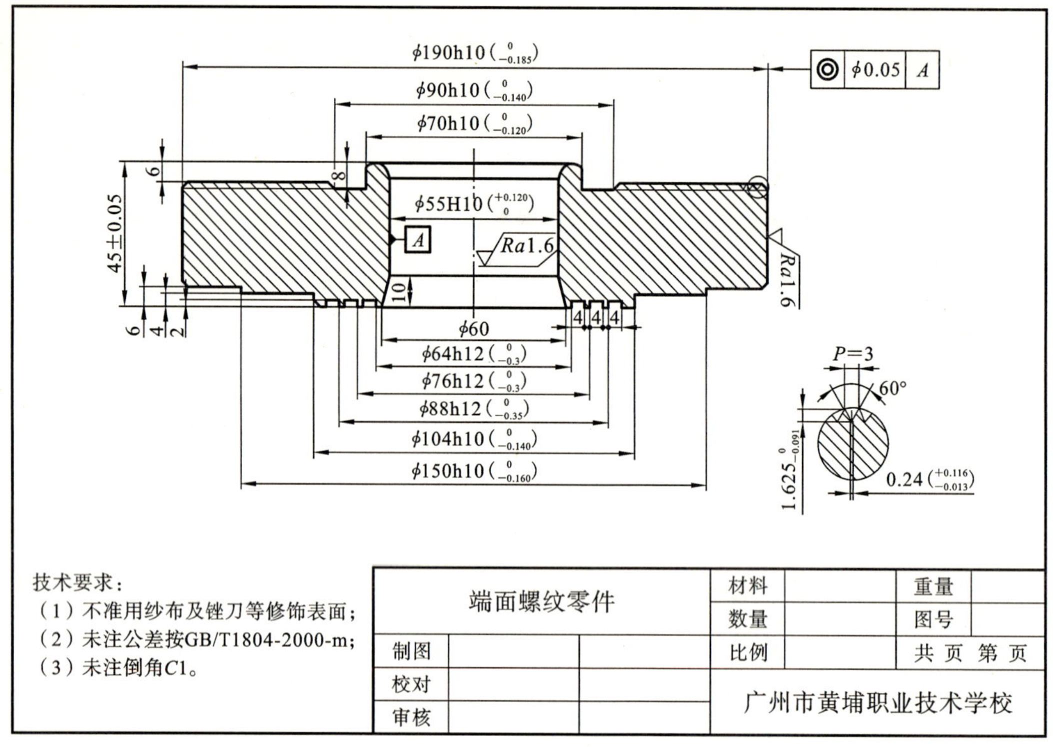

图 7-15　端面螺纹零件图样

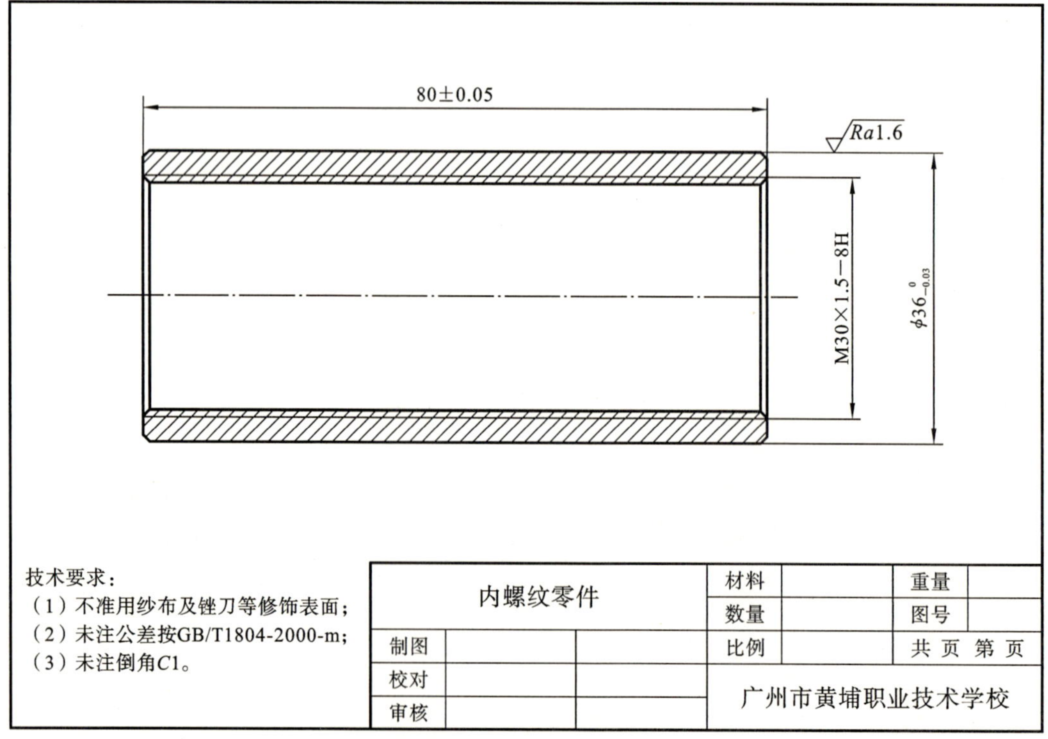

图 7-16　内螺纹零件图样

项目八

配合件加工

本项目通过讲解配合件的加工，让读者能利用公差与配合的相关知识熟练分析零件的配合类型，能区别内外轮廓零件编程及加工方式的不同，根据技术要求编制配合零件加工工艺，综合应用所学的知识与技能，完成配合零件的程序编制，操作数控机床完成加工，并有效进行质量控制。

任务引入

根据图 8-1 所示的装配图，加工如图 8-2、图 8-3 所示的零件，毛坯材料为 $\phi40$ mm×100 mm，材料为 45 钢圆棒。试编写数控加工程序，进行加工，并完成装配。

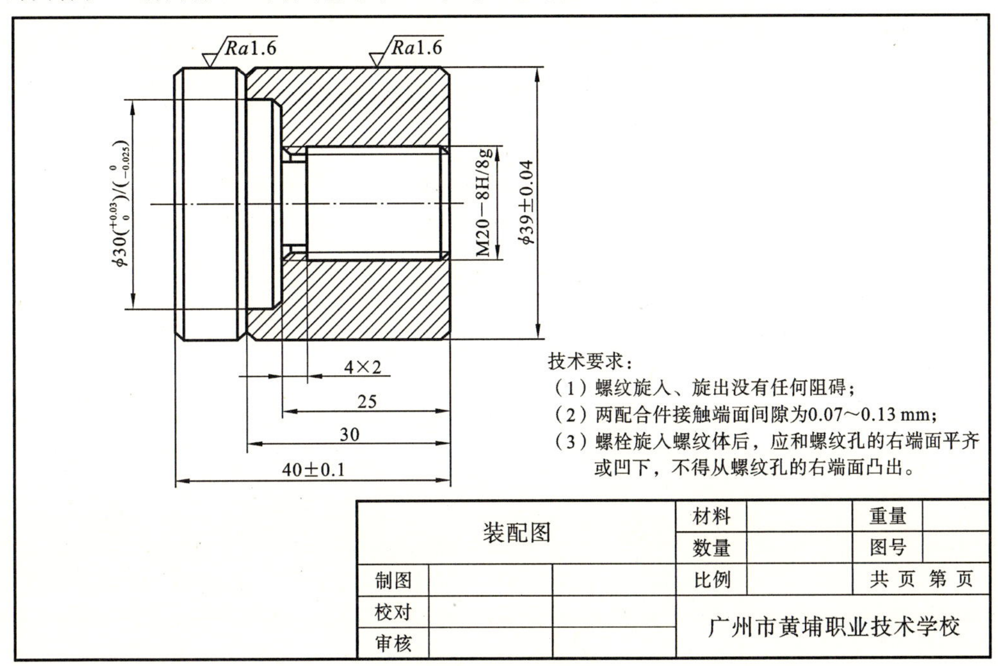

图 8-1 装配图

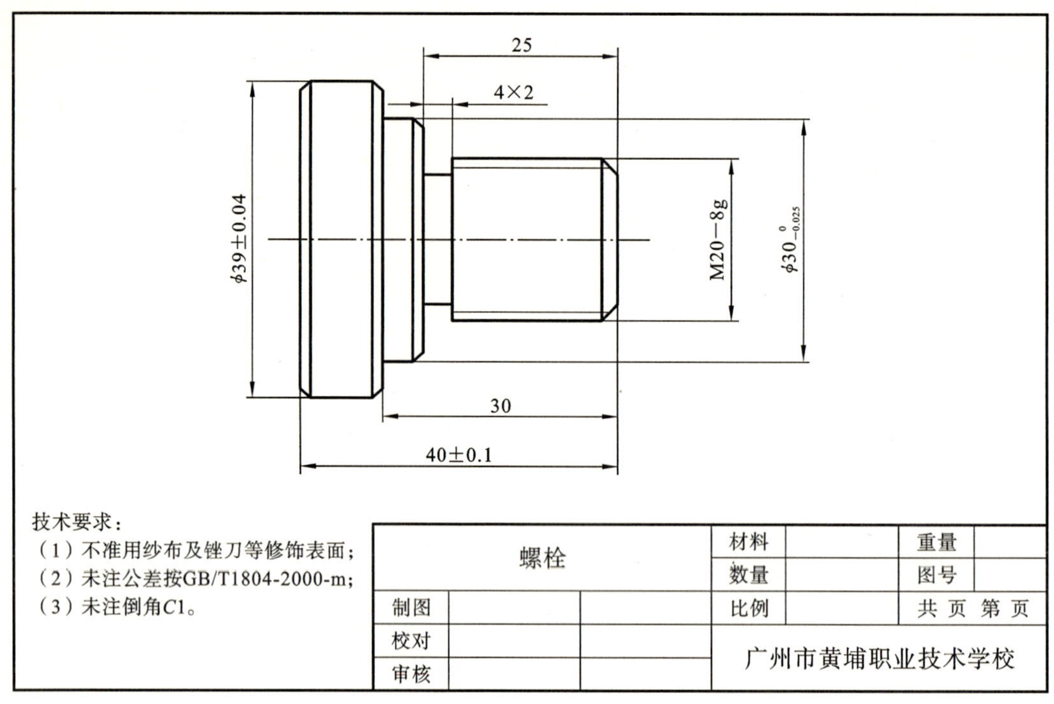

图 8-2 螺栓图样

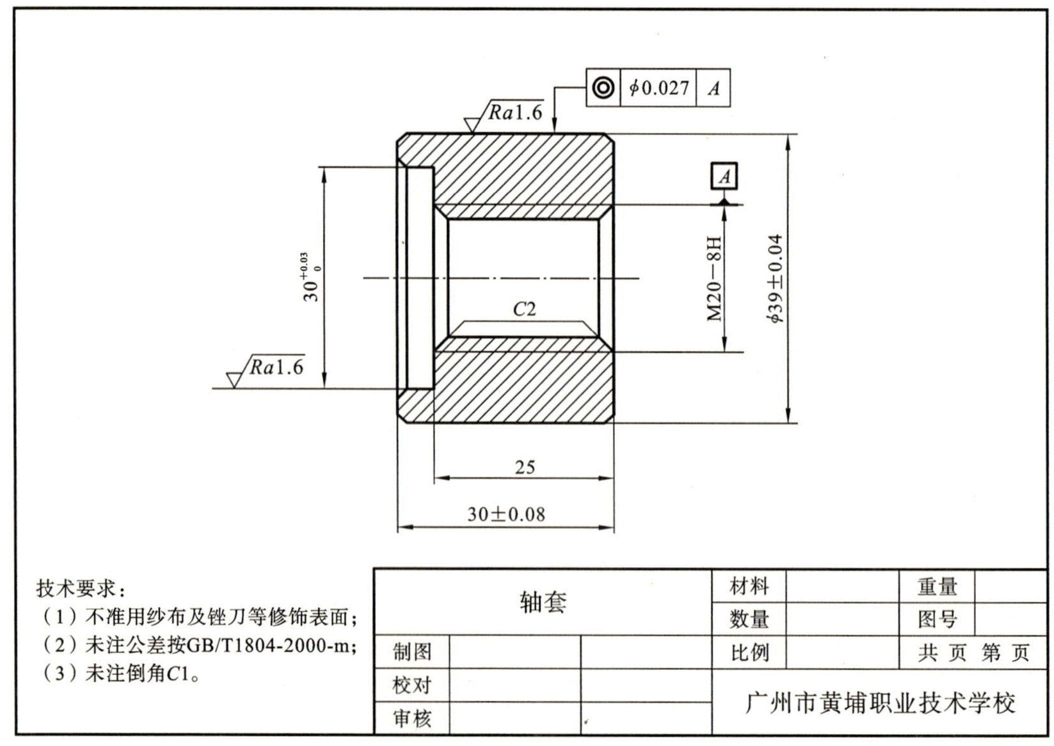

图 8-3 轴套图样

任务实施

步骤一　加工工艺制定

1）零件图样工艺分析

图 8-1 为内外螺纹配合组合件，一件为外螺纹台阶（见图 8-2），另一件为内螺纹台阶（见图 8-3），配合部分为螺纹和台阶轴，配合公差要求较高，表面粗糙度值为 $Ra1.6\ \mu m$，零件材料为 45 钢，无热处理及硬度要求。

2）设备选择

根据零件图样要求，选用经济型数控车床即可达到要求，故选用 CK0630 型数控卧式直床身车床。

3）定位基准与装夹方式确定及相关计算

(1) 定位基准：以坯料中心轴线及左端面为定位基准。

(2) 装夹方式：采用三爪自定心卡盘定心夹紧。

(3) 螺纹计算公式如下。

螺纹大径　$D=M\phi=20$(mm)（外螺纹大径）

螺纹小径　$d=D-h=20-3=17$(mm)（内螺纹孔径）

螺纹牙高　$h=(1.08\sim1.3)P\approx1.1P/1.2P/1.3P$，通常取 $1.2P=1.2\times2.5=3$(mm)

螺纹导程　$P=2.5$ mm

4）加工工序及路线规划

加工工序按由粗到精、先内后外、由近到远、由右到左的原则确定，即先从右到左进行粗车，预留一定的加工余量后进行精车。具体加工路线如下。

外螺纹台阶轴加工：

(1) 粗车 $\phi20$ mm、$\phi30$ mm、$\phi39$ mm 三个外圆，径向留 0.3 mm 加工余量，轴向留 0.1 mm 加工余量；

(2) 精车 $\phi20$ mm、$\phi30$ mm、$\phi39$ mm 三个外圆至尺寸要求，并倒角；

(3) 切 4×2 退刀槽；

(4) 车外螺纹；

(5) 切断工件。

轴套加工：

(1) 手动钻 $\phi15$ mm 内孔；

(2) 粗、精车 $\phi30$ mm、M20 螺纹小径内孔；

(3) 车内螺纹；

(4) 切断工件。

5）刀具选择及切削用量选择

根据加工工序及加工路线规划，结合零件特征及尺寸要求，其刀具及切削用量选用如表 8-1 所示。

表 8-1　数控加工刀具卡

刀具号	刀具名称	数量	加工内容	主轴转速/(r/min)	进给量/(mm/r)	背吃刀量/mm
T0101	90°外圆半精车刀	1	粗、精车外圆	800	0.3	1.5
T0202	4mm 切槽刀	1	切槽	400	0.2	2.0
T0303	60°外螺纹刀	1	车外螺纹	400	0.2	0.5
T0404	4mm 切断刀	1	切断工件	400	0.2	2.0
尾座安装	ϕ13 直柄麻花钻	1	钻孔	500	0.5	3.0
T0505	内孔刀	1	车内孔	800	0.3	1.0
T0606	60°内螺纹刀	1	车内螺纹	400	0.2	0.5

6）工件坐标系、对刀点、换刀点确定

以工件右端面与轴心线的交点 O 为加工原点，建立工件坐标系。采用手动试切对刀法，以 O 点作为对刀点。换刀点设置在坐标系安全位置即可。

7）填写数控加工工艺卡

数控加工工艺卡是编程加工程序的主要依据，也是操作人员进行数控加工的指导性文件，综合以上分析，工序卡中需填写的内容有工步顺序、工步内容、各工步所用的刀具及切削用量等参数，具体如表 8-2 所示。

表 8-2　数控加工工艺卡

数控加工工艺卡	产品名称/代号	零件名称	零件图号

工序号	使用设备	夹具名称	车间	毛坯类型/尺寸
001	数控车床	三爪卡盘	数控实训中心	45 钢，圆棒

工步号	工步内容	刀具号	主轴转速/(r/min)	进给量/(mm/r)	背吃刀量/mm	备注
1	粗、精车 ϕ20 mm、ϕ30 mm、ϕ39 mm 外圆	T0101	800	0.3	1.5	
2	切 4×2 槽	T0202	400	0.2	2.0	
3	车 M20 外螺纹	T0303	400	0.2	0.5	
4	切断工件	T0404	400	0.2	2.0	
5	手动钻 ϕ15 mm 孔	尾座安装	500	0.5	3.0	
6	车内孔	T0505	800	0.3	1.0	
7	车内螺纹	T0606	400	0.2	0.5	

编制：	审核：	批准：	年　月　日	共　页第　页

步骤二　程序编制

（1）编制螺栓件数控加工程序如表 8-3 所示。

表 8-3　螺栓数控加工程序

程　　序	说　　明
O0001	主程序名
N0010 G99	确认进给量的单位为 mm/r
N0020 M03 S800	主轴正转，转速 800 r/min
N0030 T0101	选用 1 号半精车刀，执行 1 号刀补
N0040 G00 X42 Z3	快速接近毛坯，切削起点定位
N0050 G71 U1.5 R1	粗车外圆，单边切削 2 mm，退刀 1 mm
N0060 G71 P70 Q140 U0.3 W0 F0.2	径向预留精加工余量 0.3 mm，轴向预留精加工余量 0.1 mm
N0070 G00 X0	快速移动到径向零点
N0080 G01 Z0	车向轴向零点
N0090 X16	车到螺纹倒角起点
N0100 X20 Z−2	倒 $C2$ 角
N0110 Z−25	车 ϕ20 mm 台阶外圆
N0120 X28	车到倒角起点
N0130 X30 Z−26	倒 $C1$ 角
N0140 Z−30	车 ϕ30 mm 台阶外圆
N0150 X37	车到倒角起点
N0160 X39 Z−31	倒 $C1$ 角
N0170 Z−45	车到工件总长，预留切断长度 5 mm
N0180 G00 X100 Z100	快速返回安全位置
N0190 M05	主轴停转
N0200 M00	程序暂停
N0210 T0101 M03 S1000	选择 1 号半精车刀并执行 1 号刀补，主轴正转，转速 1000 r/min
N0220 G00 X42 Z3	精车定位
N0230 G70 P70 Q140 F0.1	精车外圆
N0240 G00 X100 Z100	快速返回安全位置
N0250 M05	主轴停转
N0260 M00	程序暂停
N0270 T0202 M03 S400	选 2 号切槽刀，主轴正转，转速 400 r/min
N0280 G00 X32 Z−25	切槽定位

续表

程　　序	说　　明
N0290 G01 X16 F0.1	切槽
N0300 G04 X3	暂停 3 s
N0310 G00 X32	快速退出工件
N0320 G00 X100 Z100	快速返回安全位置
N0330 M05	主轴停转
N0340 M00	程序暂停
N0350 T0303 M03 S400	选择 3 号螺纹刀，主轴正转，转速 400 r/min
N0360 G00 X22 Z5	螺纹定位
N0370 G92 X19.0 Z−22 F2.5	车第一刀螺纹小径至 19.0 mm，螺纹长度 22 mm，导程 2.5 mm
N0380 X18.5	车第二刀螺纹小径至 18.5 mm
N0390 X18.0	车第三刀螺纹小径至 18.0 mm
N0400 X17.5	车第四刀螺纹小径至 17.5 mm
N0410 X17.2	车第五刀螺纹小径至 17.2 mm，留 0.2 mm 精车余量
N0420 X17.0	车第六刀螺纹小径至 17.0 mm，为最终尺寸，精车完成
N0430 G00 X100 Z100	快速返回安全位置
N0440 M05	主轴停转
N0450 M00	程序暂停
N0460 T0404 M03 S400	选择 4 号切断刀，主轴正转，转速 400 r/min
N0470 G00 X42 Z−44.5	切断定位
N0480 G75 R1	切断工件，退刀 1 mm
N0490 G75 X0 W0 P2000 Q2000 F0.1	切断工件，每次进刀 2 mm，移动 2 mm，进给量 0.1 mm/r
N0500 G00 X100 Z100	快速返回安全位置
N0510 M05	主轴停转
N0520 T0100	换回 1 号刀并取消刀偏
N0530 M30	程序结束

（2）编制轴套数控加工程序如表 8-4 所示。

表 8-4　轴套数控加工程序

程　　序	说　　明
O0002;	主程序名
N0010 G99;	确认进给量的单位为 mm/r
N0020 M03 S800;	主轴正转，转速 800 r/min
N0030 T0101;	选用 1 号半精车刀，执行 1 号刀补
N0040 G00 X42 Z3	快速接近毛坯，切削起点定位

续表

程　　序	说　　明
N0050 G71 U1.5 R1	粗车外圆，单边切削 2 mm，退刀 1 mm
N0060 G71 P70 Q140 U0.3 W0 F0.2	径向预留精加工余量 0.3 mm，轴向预留精加工余量 0.1 mm
N0070 G00 X0	快速移动到径向零点
N0080 G01 Z0	车向轴向零点
N0090 X37	车倒角起点
N0100 X39 Z−1	倒 $C1$ 角
N0110 Z−35	车到工件总长，预留切断长度 5 mm
N0120 G00 X100 Z100	快速返回安全位置
N0130 M05	主轴停转
N0140 M00	程序暂停
N0150 T0101 M03 S1000	选择 1 号半精车刀并执行 1 号刀补，主轴正转，转速 1000 r/min
N0160 G00 X42 Z3	精车定位
N0170 G70 P70 Q140 F0.1	精车外圆
N0180 G00 X100 Z100	快速返回安全位置
N0190 M05	主轴停转
N0200 M00	程序暂停
N0210 T0505 M03 S800	选择 5 号内孔刀并执行 5 号刀补，主轴正转，转速 800 r/min
N0220 G00 X15 Z5	内孔定位
N0230 G71 U1 R1	粗车外圆，单边切削 1 mm，退刀 1 mm
N0240 G71 P250 Q310 U−0.3 W0 F0.2	径向预留精加工余量 0.3 mm，轴向预留精加工余量 0.1 mm
N0250 G00 X32	快速移动到倒角起点
N0260 G01 Z0	车向轴向零点
N0270 X30 Z−1	倒 $C1$ 内角
N0280 Z−5	车内台阶
N0290 X21	车到螺纹倒角起点
N0300 X17 Z−2	倒 $C2$ 内角
N0310 Z−33	车到工件内孔总长并预留切断长度 3 mm
N0320 G00 X100 Z100	快速返回安全位置
N0330 M05	主轴停转
N0340 M00	程序暂停
N0350 T0505 M03 S1000	选择 5 号内孔刀并执行 5 号刀补，主轴正转，转速 1000 r/min

续表

程　序	说　明
N0360 G00 X15 Z5	精车定位
N0370 G70 P250 Q310 F0.1	精车外圆
N0380 G00 X100 Z100	快速返回安全位置
N0390 M05	主轴停转
N0400 M00	程序暂停
N0410 T0606 M03 S400	选择 6 号内螺纹刀，主轴正转，转速 400 r/min
N0420 G00 X15 Z5	螺纹定位
N0430 G92 X18.0 Z−32 F2.5	车第一刀螺纹大径至 18.0 mm，螺纹长度 25 mm，导程 2.5 mm
N0440 X18.5	车第二刀螺纹大径至 18.5 mm
N0450 X19.0	车第三刀螺纹大径至 19.0 mm
N0460 X19.5	车第四刀螺纹大径至 19.5 mm
N0470 X19.8	车第五刀螺纹大径至 19.8 mm，留 0.2 mm 精车余量
N0480 X20.0	车第六刀螺纹大径至 20.0 mm，为最终尺寸，精车完成
N0490 G00 X100 Z100	快速返回安全位置
N0500 M05	主轴停转
N0510 M00	程序暂停
N0520 T0404 M03 S400	选择 4 号切断刀，主轴正转，转速 400 r/min
N0530 G00 X42 Z−35	切断定位
N0540 G75 R1	切断工件，退刀 1 mm
N0550 G75 X0 W0 P2000 Q2000 F0.1	切断工件，每次进刀 2 mm，移动 2 mm，进给量 0.1 mm/r
N0560 G00 X100 Z100	快速返回安全位置
N0570 M05	主轴停转
N0580 T0100	换回 1 号刀并取消刀偏
N0590 M30	程序结束

步骤三　计算机软件模拟仿真验证

开启专用模拟仿真软件，设置对应的数控车床，安装相应刀具；设置好加工原点，对好刀具，输入数控程序，进行虚拟仿真加工；进行工艺、加工路线、程序的检验，并根据检验结果，适当调整工艺参数，直至最优方案确定，以保证实操加工的可靠性。

步骤四　零件加工

1）数控程序输入

在 MDI 模式下，通过面板将经过验证的加工程序输入到数控系统中，并检查输入的正误。

2）对刀

（1）正确装夹坯料，确定装夹牢靠、坯料伸出长度满足加工需要。

（2）MDI 模式下，输入 M03 S800，启动主轴转动。

（3）X 轴方向对刀：使用试切对刀法，采用手轮/手动操作模式，试切外圆，并测量外圆直径，记录参数，输入数值至 01 号偏置相应位置处，完成 X 轴方向对刀。

（4）Z 轴方向对刀：手轮/手动模式下，车削端面，测量工件长度，在 01 号偏置相应位置处输入数据，完成 Z 轴方向对刀。

3）加工与质量控制

调取相应的数控程序，关闭机床防护门，做好相应的安全措施，启动机床，进行粗车加工；粗车加工完成后，测量零件尺寸，并修正偏差值；继续加工，直至零件尺寸符合图样要求，完成配合。

任务拓展

加工如图 8-4 所示的配合件，零件图样如图 8-5、图 8-6 所示。毛坯尺寸为 ϕ40 mm×100 mm，材质为 45 钢，试编程并加工，并完成配合。

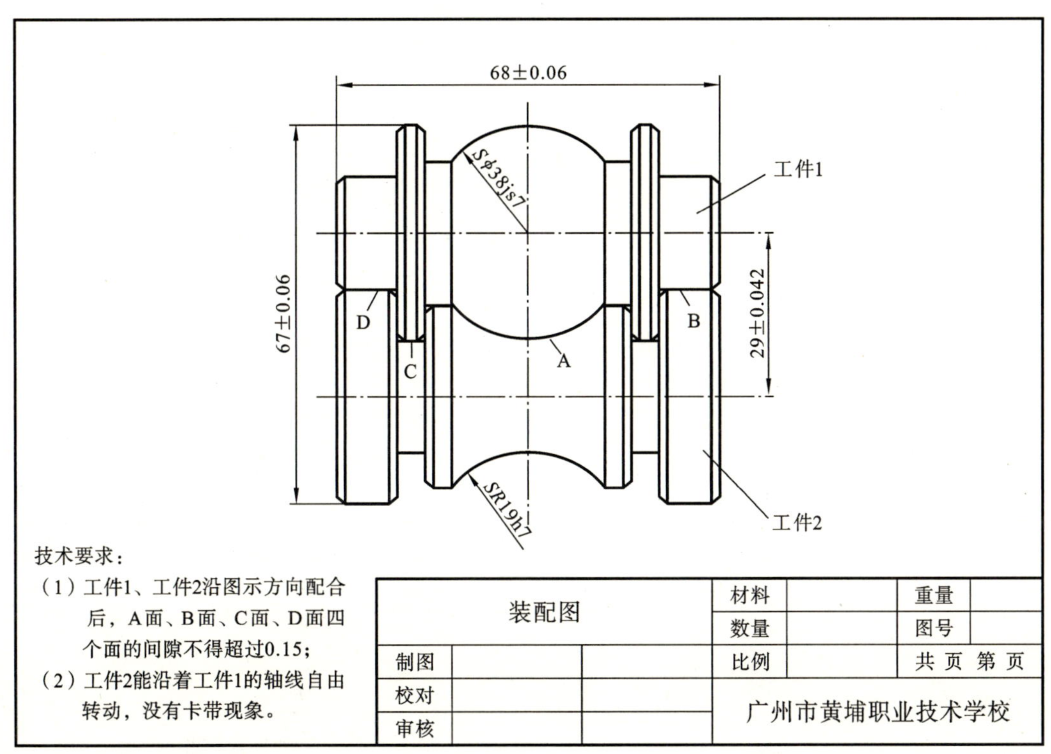

图 8-4　配合图

拓展任务评分表如表 8-5 至表 8-7 所示。

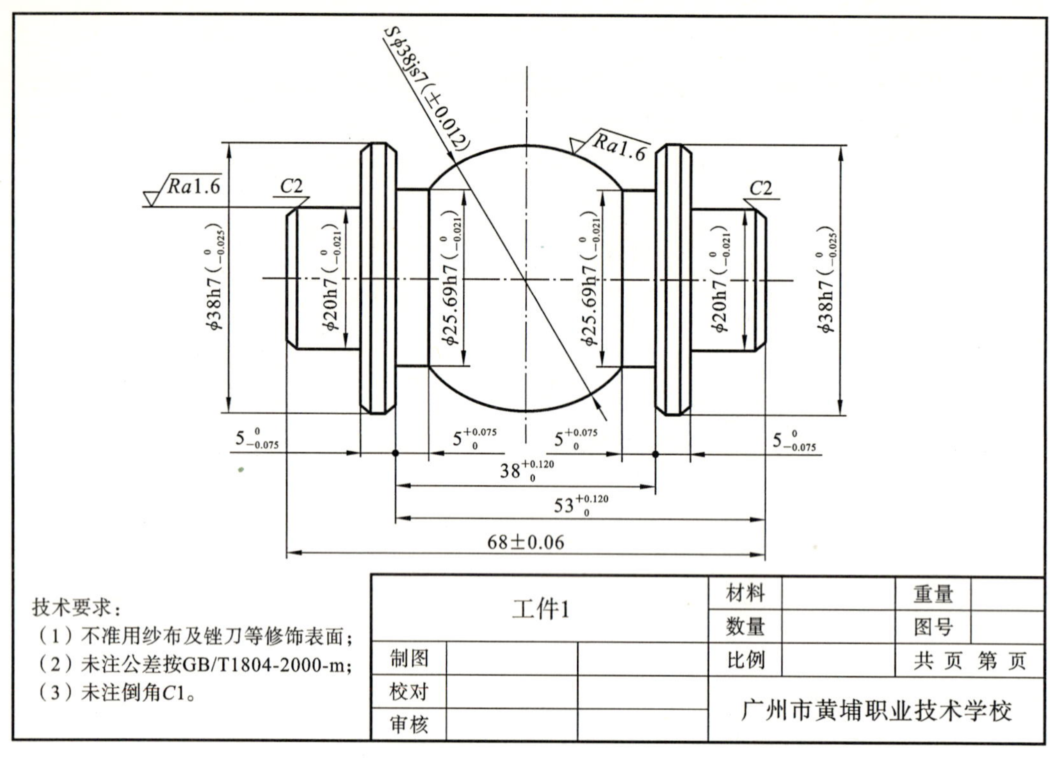

图 8-5　工件 1 图样

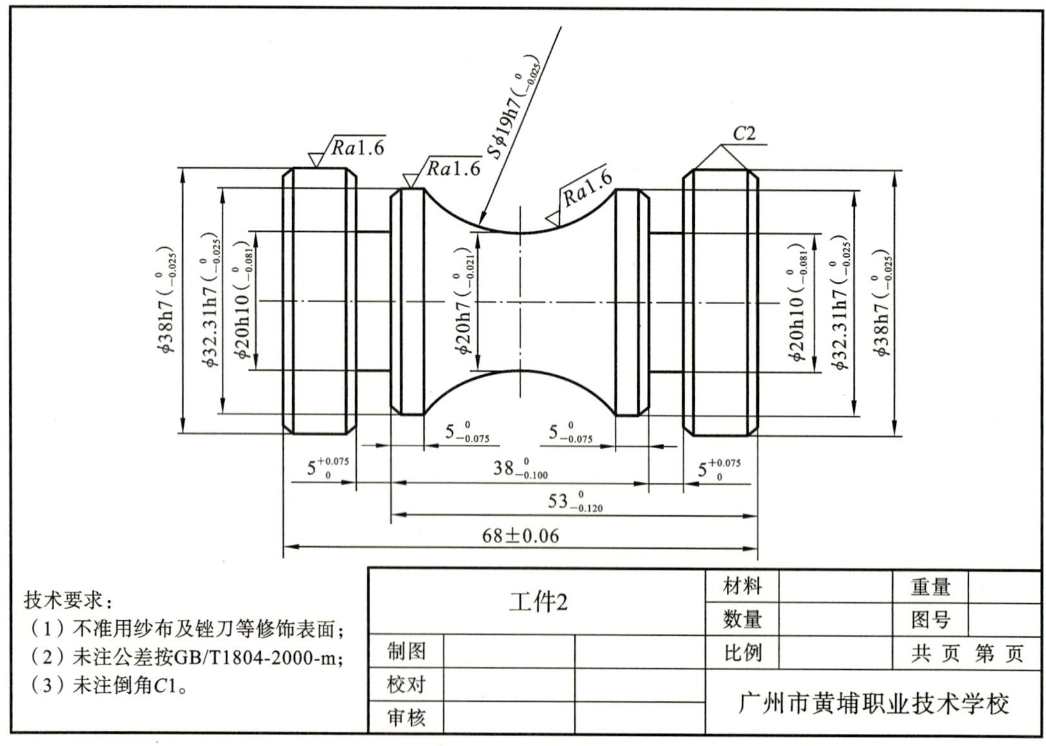

图 8-6　工件 2 图样

表 8-5 工件 1 评分表

第________组________号机床　日期：________年______月______日　星期：____第________节

<table>
<tr><td>工种</td><td colspan="4">数控车工</td><td colspan="2">姓名</td><td colspan="3"></td><td>总分</td><td></td></tr>
<tr><td>加工时间</td><td colspan="7">开始：　月　日　时　分　　结束：　月　日　时　分</td><td colspan="3">实际操作时间</td><td></td></tr>
<tr><td rowspan="2">序号</td><td rowspan="2">工件技术要求</td><td rowspan="2">配分</td><td rowspan="2">精度等级</td><td rowspan="2">量具</td><td colspan="3">学生自测评分</td><td colspan="3">教师测评</td><td rowspan="2">单项综合得分</td></tr>
<tr><td>实测尺寸</td><td>得分</td><td>扣分</td><td>实测尺寸</td><td>得分</td><td>扣分</td></tr>
<tr><td>1</td><td></td><td></td><td rowspan="11">按照 GB/T 1804-2000-m</td><td rowspan="11">测量范围 0～150 mm，精度 0.02 mm 游标卡尺，圆弧倒角量规，粗糙度样板</td><td></td><td></td><td></td><td></td><td></td><td></td><td></td></tr>
<tr><td>2</td><td></td><td></td><td></td><td></td><td></td><td></td><td></td><td></td><td></td></tr>
<tr><td>3</td><td></td><td></td><td></td><td></td><td></td><td></td><td></td><td></td><td></td></tr>
<tr><td>4</td><td></td><td></td><td></td><td></td><td></td><td></td><td></td><td></td><td></td></tr>
<tr><td>5</td><td></td><td></td><td></td><td></td><td></td><td></td><td></td><td></td><td></td></tr>
<tr><td>6</td><td></td><td></td><td></td><td></td><td></td><td></td><td></td><td></td><td></td></tr>
<tr><td>7</td><td></td><td></td><td></td><td></td><td></td><td></td><td></td><td></td><td></td></tr>
<tr><td>8</td><td></td><td></td><td></td><td></td><td></td><td></td><td></td><td></td><td></td></tr>
<tr><td>9</td><td></td><td></td><td></td><td></td><td></td><td></td><td></td><td></td><td></td></tr>
<tr><td>10</td><td></td><td></td><td></td><td></td><td></td><td></td><td></td><td></td><td></td></tr>
<tr><td>11</td><td></td><td></td><td></td><td></td><td></td><td></td><td></td><td></td><td></td></tr>
<tr><td></td><td></td><td></td><td></td><td></td><td></td><td></td><td></td><td></td><td></td><td></td><td></td></tr>
<tr><td></td><td></td><td></td><td></td><td></td><td></td><td></td><td></td><td></td><td></td><td></td><td></td></tr>
<tr><td></td><td></td><td></td><td></td><td></td><td></td><td></td><td></td><td></td><td></td><td></td><td></td></tr>
<tr><td></td><td></td><td></td><td></td><td></td><td></td><td></td><td></td><td></td><td></td><td></td><td></td></tr>
<tr><td></td><td></td><td></td><td></td><td></td><td></td><td></td><td></td><td></td><td></td><td></td><td></td></tr>
<tr><td>扣分说明</td><td colspan="11">(1) 尺寸扣分标准：超出公差值的四分之一数值段，扣配分的一半分数；超出公差值的二分之一数值段，该尺寸的配分为 0。每个表面的表面粗糙度 Ra 分配 1 分，不合格即扣 1 分。
(2) 操作过程中出现违反数控车工操作安全要求的现象，立即取消实习资格，经过安全教育后才能继续实习。有事故苗头者或出现事故者（撞刀、撞机床、物品飞出等）立即停止操作，查明原因后再决定是否允许开展后续实习。
(3) 安全文明生产标准：工、量、刃、洁具摆放整齐，机床卫生，良好的礼节礼貌等。
(4) 综合得分：剔除偶然因素，一般以教师和学生的测评分数之和的二分之一为综合得分。如果师生的评分相差太大，应找出正确的一方，以正确一方的评分为主。
(5) 作业分数：以实际批改的为准。</td></tr>
</table>

表 8-6　工件 2 评分表

第________组________号机床　日期：________年______月______日　星期：____第________节

工种	数控车工	姓名		总分	
加工时间	开始：　月　日　时　分　　结束：　月　日　时　分			实际操作时间	

序号	工件技术要求	配分	精度等级	量具	学生自测评分			教师测评			单项综合得分
					实测尺寸	得分	扣分	实测尺寸	得分	扣分	
1			按照 GB/T 1804-2000-m	测量范围 0～150 mm，精度 0.02 mm 游标卡尺，圆弧倒角量规，粗糙度样板							
2											
3											
4											
5											
6											
7											
8											
9											
10											
11											

扣分说明

(1) 尺寸扣分标准：超出公差值的四分之一数值段，扣配分的一半分数；超出公差值的二分之一数值段，该尺寸的配分为 0。每个表面的表面粗糙度 Ra 分配 1 分，不合格即扣 1 分。

(2) 操作过程中出现违反数控车工操作安全要求的现象，立即取消实习资格，经过安全教育后才能继续实习。有事故苗头者或出现事故者（撞刀、撞机床、物品飞出等）立即停止操作，查明原因后再决定是否允许开展后续实习。

(3) 安全文明生产标准：工、量、刃、洁具摆放整齐，机床卫生，良好的礼节礼貌等。

(4) 综合得分：剔除偶然因素，一般以教师和学生的测评分数之和的二分之一为综合得分。如果师生的评分相差太大，应找出正确的一方，以正确一方的评分为主。

(5) 作业分数：以实际批改的为准。

表 8-7　装配评分表

第________组________号机床　日期：________年______月______日　星期：____第________节

<table>
<tr><td>工种</td><td colspan="4">数控车工</td><td colspan="2">姓名</td><td colspan="2"></td><td colspan="2">总分</td><td></td></tr>
<tr><td>加工时间</td><td colspan="8">开始：　月　日　时　分　　结束：　月　日　时　分</td><td colspan="2">实际操作时间</td><td></td></tr>
<tr><td rowspan="2">序号</td><td rowspan="2">工件技术要求</td><td rowspan="2">配分</td><td rowspan="2">精度等级</td><td rowspan="2">量具</td><td colspan="3">学生自测评分</td><td colspan="3">教师测评</td><td rowspan="2">单项综合得分</td></tr>
<tr><td>实测尺寸</td><td>得分</td><td>扣分</td><td>实测尺寸</td><td>得分</td><td>扣分</td></tr>
<tr><td>1</td><td></td><td></td><td rowspan="11">按照 GB/T 1804-2000-m</td><td rowspan="11">测量范围 0～150 mm、精度 0.02 mm 游标卡尺，圆弧倒角量规，粗糙度样板</td><td></td><td></td><td></td><td></td><td></td><td></td><td></td></tr>
<tr><td>2</td><td></td><td></td><td></td><td></td><td></td><td></td><td></td><td></td><td></td></tr>
<tr><td>3</td><td></td><td></td><td></td><td></td><td></td><td></td><td></td><td></td><td></td></tr>
<tr><td>4</td><td></td><td></td><td></td><td></td><td></td><td></td><td></td><td></td><td></td></tr>
<tr><td>5</td><td></td><td></td><td></td><td></td><td></td><td></td><td></td><td></td><td></td></tr>
<tr><td>6</td><td></td><td></td><td></td><td></td><td></td><td></td><td></td><td></td><td></td></tr>
<tr><td>7</td><td></td><td></td><td></td><td></td><td></td><td></td><td></td><td></td><td></td></tr>
<tr><td>8</td><td></td><td></td><td></td><td></td><td></td><td></td><td></td><td></td><td></td></tr>
<tr><td>9</td><td></td><td></td><td></td><td></td><td></td><td></td><td></td><td></td><td></td></tr>
<tr><td>10</td><td></td><td></td><td></td><td></td><td></td><td></td><td></td><td></td><td></td></tr>
<tr><td>11</td><td></td><td></td><td></td><td></td><td></td><td></td><td></td><td></td><td></td></tr>
<tr><td></td><td></td><td></td><td></td><td></td><td></td><td></td><td></td><td></td><td></td><td></td><td></td></tr>
<tr><td></td><td></td><td></td><td></td><td></td><td></td><td></td><td></td><td></td><td></td><td></td><td></td></tr>
<tr><td></td><td></td><td></td><td></td><td></td><td></td><td></td><td></td><td></td><td></td><td></td><td></td></tr>
<tr><td></td><td></td><td></td><td></td><td></td><td></td><td></td><td></td><td></td><td></td><td></td><td></td></tr>
<tr><td></td><td></td><td></td><td></td><td></td><td></td><td></td><td></td><td></td><td></td><td></td><td></td></tr>
<tr><td></td><td></td><td></td><td></td><td></td><td></td><td></td><td></td><td></td><td></td><td></td><td></td></tr>
<tr><td>扣分说明</td><td colspan="11">(1) 尺寸扣分标准：超出公差值的四分之一数值段，扣配分的一半分数；超出公差值的二分之一数值段，该尺寸的配分为 0。每个表面的表面粗糙度 Ra 分配 1 分，不合格即扣 1 分。
(2) 操作过程中出现违反数控车工操作安全要求的现象，立即取消实习资格，经过安全教育后才能继续实习。有事故苗头者或出现事故者（撞刀、撞机床、物品飞出等）立即停止操作，查明原因后再决定是否允许开展后续实习。
(3) 安全文明生产标准：工、量、刃、洁具摆放整齐，机床卫生，良好的礼节礼貌等。
(4) 综合得分：剔除偶然因素，一般以教师和学生的测评分数之和的二分之一为综合得分。如果师生的评分相差太大，应找出正确的一方，以正确一方的评分为主。
(5) 作业分数：以实际批改的为准。</td></tr>
</table>

巩固训练

加工如图 8-7 所示的配合件，零件图样如图 8-8 至图 8-11 所示。编写数控加工程序，并进行模拟仿真加工。

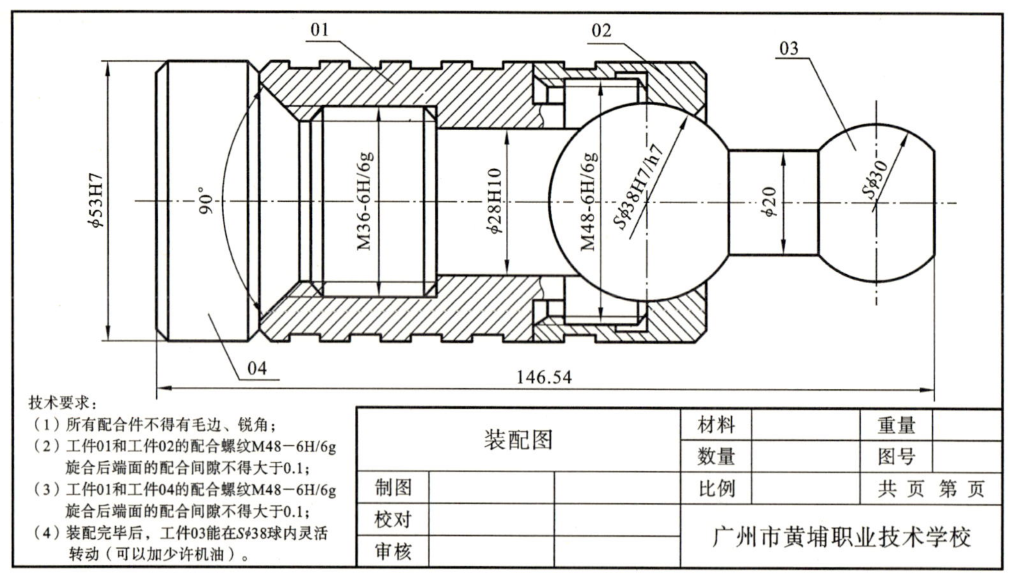

图 8-7 装配图

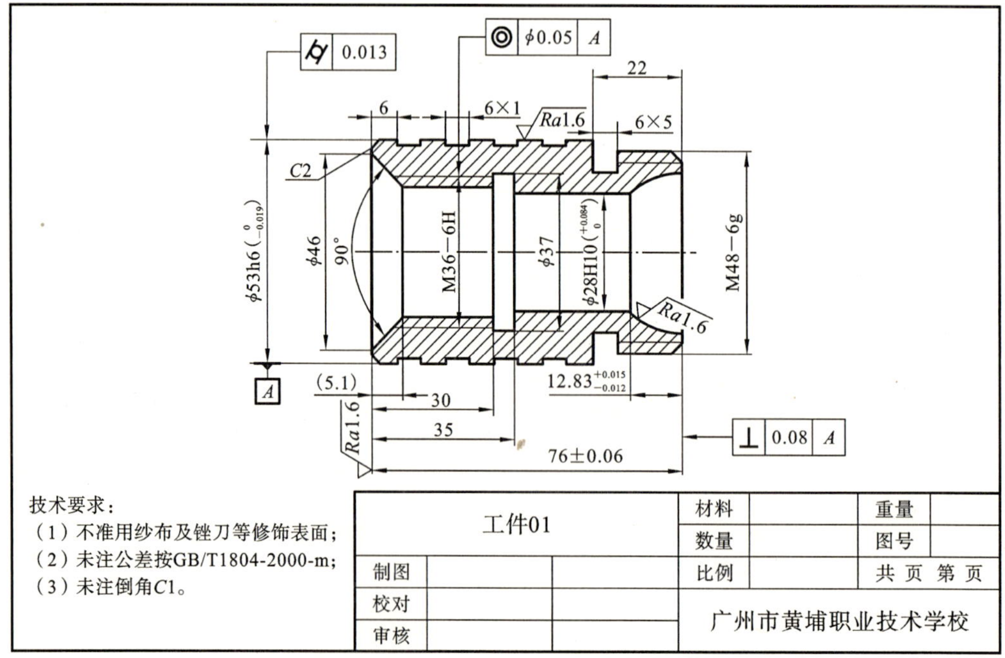

图 8-8 工件 01 图样

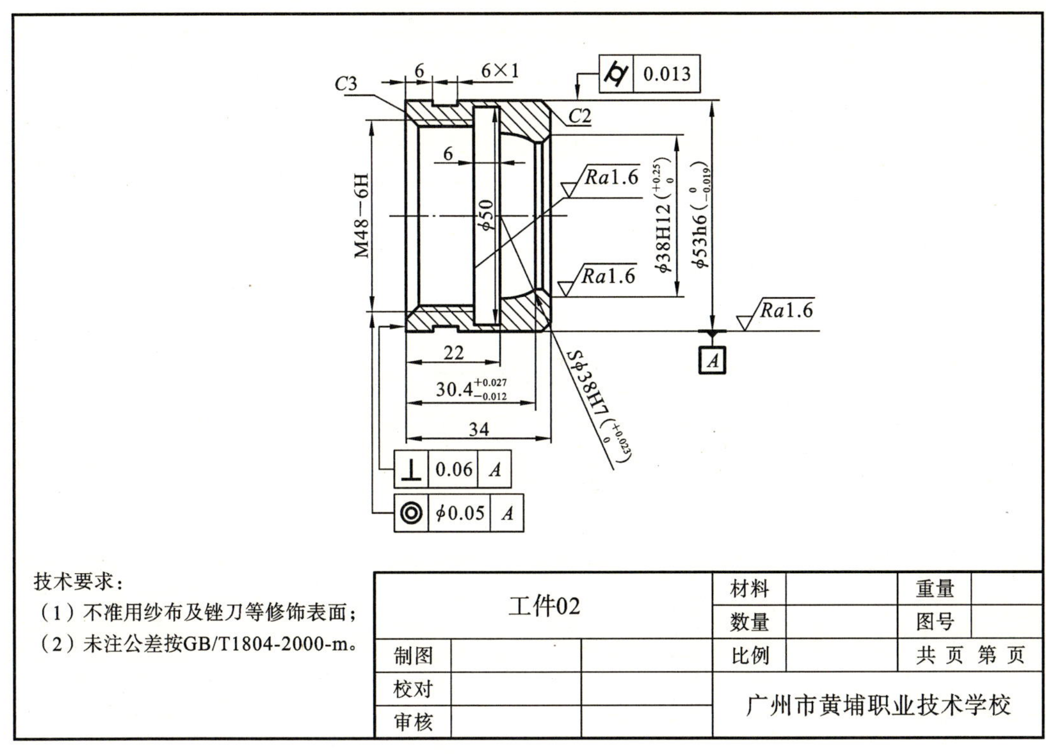

图 8-9　工件 02 图样

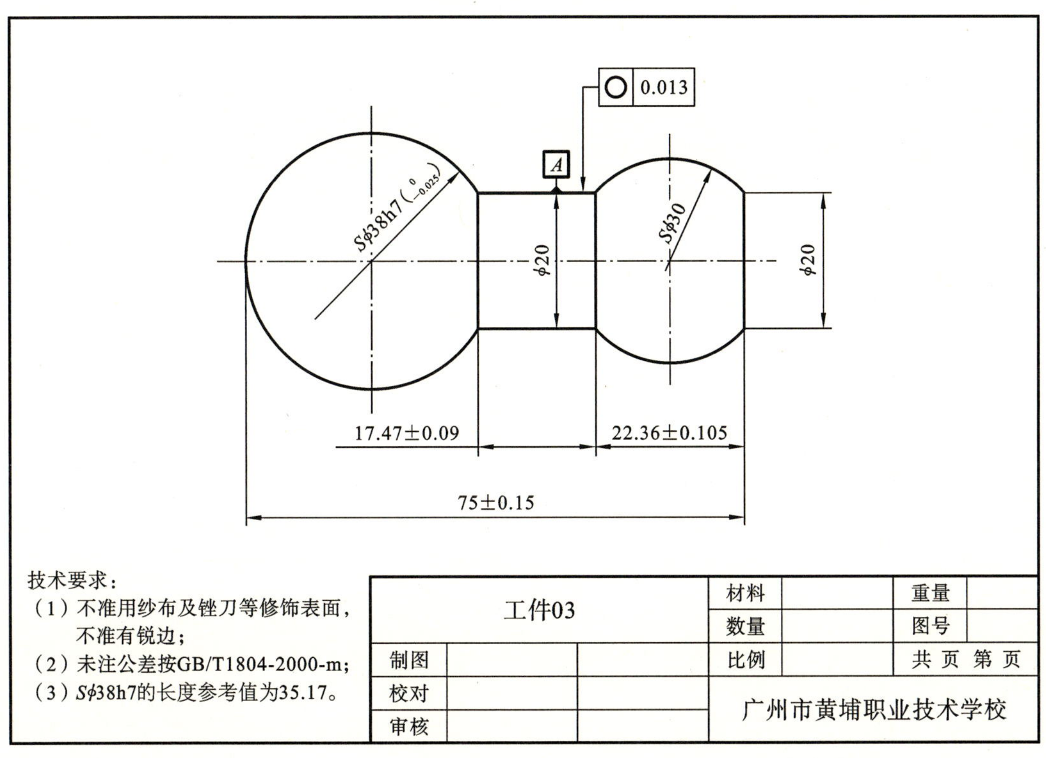

图 8-10　工件 03 图样

C2
φ53h6($^{0}_{-0.019}$)
Ra1.6
90°
M36−6g
φ46
φ49
Ra1.6
5
5×4
30
55
技术要求：
（1）不准用纱布及锉刀等修饰表面，
不准有锐边；
（2）未注公差按GB/T1804-2000-m；
（3）未注倒角C2.5。
工件04
材料
重量
数量
图号
比例
共 页 第 页
制图
校对
审核
广州市黄埔职业技术学校

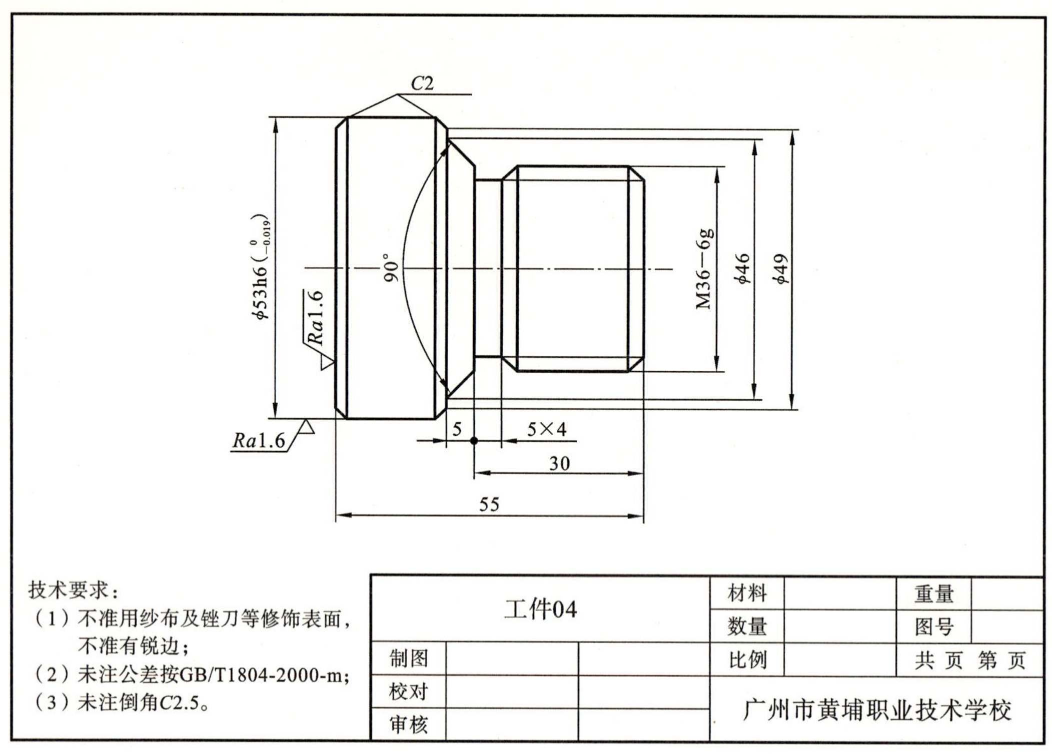

图 8-11 工件 04 图样

附录 A

常用数控资料速查一览表

表 A-1　刀具牌号材料速查表

种类	牌　　号	主 要 用 途
碳素工具钢	T7A	用于制造木工刀具、钳工工具等
	T8A	用于制造切削软金属的刀具及木工刀具
	T9A	
	T10A	用于制造丝锥、铰刀、车刀、扳牙等
	T12A	用于制造车刀、铣刀、丝锥等
合金工具钢	9SiCr	用于制造板牙、丝锥、钻头、铰刀、搓丝板、滚丝模等
	CrWMn	用于制造比较精密的刀具，如拉刀、板牙、长铰刀等
	Cr2	用于制造车刀、刨刀、插刀、铰刀等
	CrW5	用于制造铣刀、刨刀、刻刀等低速切削硬金属的刀具
	Cr6WV	用于制造搓丝板、滚丝板等
	W	用于制造麻花钻、丝锥、铰刀等
	Cr12MoV	用于制造搓丝板、螺纹滚丝板等
	CrMn	用于制造丝锥、长拉刀等
	9Mn2V	用于制造丝锥、板牙、铰刀等
	GCr6	用于制造手用丝锥、手用锯条等
	GCr9	
	GCr15	用于制造手用丝锥、手用铰刀、圆板牙、机用锯条等
高速工具钢	W18Cr4V(W18)	用于加工一般钢与铸铁，可用于制造各种刀具，但不宜用热成形法制造刀具
	W6Mo5Cr4V2(M2)	用于加工一般钢与铸铁，可用于制造轧制刀具及其他要求热塑性好的刀具，以及受力大的刀具

续表

种类	牌　　号	主 要 用 途
高速工具钢	W14Cr4VMnXt	用于加工一般钢与铸铁，可用于制作各种刀具
	W9Mo3Cr4V	
	W12Cr4V4Mo(EV4)	高碳高钒，可用于制作对耐磨性要求高的刀具
	W6Mo5Cr4V3(M3)	
	W9Cr4V5	
	W6Mo5Cr4V2Co8(M36)	含钴，用于加工高温合金、钛合金、奥氏体不锈钢等难加工材料
	W9Cr4V5Co3	属高碳高钒含钴，用于加工高温合金、不锈钢等，但修磨困难，不宜用于制作复杂刀具
	W2Mo9Cr4VCo8(M42)	含钴超硬型，用于加工高强度钢、高温合金、钛合金等难加工材料，用于制作各种刀具
	W7Mo4Cr4V2Co5(M41)	
	W9Mo3Cr4V3Co10	
	W12Cr4V3Mo3Co5Si(Co5Si)	
	W6Mo5Cr4V2A1(M2A,501)	无钴超硬型，可代替高钴高速钢制作的刀具，用于加工难加工材料
	W6Mo5Cr4V5SiNbA1(B201)	
	W10Mo4Cr4V3A1(5F-6)	
	9W18Cr4V(9W18)	无钴超硬型，用其制作的刀具可加工韧度和硬度较高的材料(如不锈钢)，可部分代替钴高速钢
硬质合金	YG3	用其制作的刀具适合铸铁、有色金属及其合金、非金属材料(橡胶、纤维、塑料、板岩、玻璃、石磨电极等)的连续精车及半精车
	YG3X	用其制作的刀具适合铸铁、有色金属及其合金的精车、精镗等，也适用于淬硬钢及钨、钼材料的精加工
	YG6	用其制作的刀具适合铸铁、有色金属及其合金、非金属材料连续切削时的粗车、半精车、精车
	YG6X	用其制作的刀具适合冷硬铸铁、合金铸铁、耐热钢的加工，也适用于普通铸铁的精加工，并可用于制造仪器仪表工业用的小型刀具和小模数滚刀
	YG8	用其制作的刀具适合铸铁、有色金属及其合金、非金属材料的粗加工
	YG8C	适合制造重载切削下的车刀、刨刀等
	YG6A(YA6)	用其制作的刀具适合硬铸铁、灰铸铁、球墨铸铁、有色金属及其合金，耐热合金钢的半精加工，也可用于高锰钢、淬硬钢及合金钢的半精加工和精加工
	YT5	用其制作的刀具适合碳钢及合金钢不连续面的粗车、粗刨、半精刨、粗铣、钻孔等

续表

种类	牌号	主要用途
硬质合金	YT14	用其制作的刀具适合碳钢和合金钢的粗车、间断切削时的半精车和精车，连续面的粗铣等
	YT15	用其制作的刀具适合碳钢与合金钢加工中，连续切削时的粗车、半精车及精车
	YT30	用其制作的刀具适合碳钢及合金钢的精加工，如小断面精车、精镗、精扩等
	YW1	用其制作的刀具适合耐热钢、高锰钢、不锈钢等难加工材料的精加工，也适用于一般钢材、铸铁及有色金属的精加工
	YW2	用其制作的刀具适合耐热钢、高锰钢、不锈钢及高级合金钢等难加工钢材的精加工、半精加工，也适合一般钢材和铸铁及有色金属的加工
陶瓷材料	氧化铝	用其制作的刀具适合耐热钢、高锰钢、不锈钢及高级合金钢等难加工钢材的精加工、半精加工，也适合一般钢材和铸铁及有色金属的加工
	金属陶瓷	
	氮化硅陶瓷	
	复合陶瓷	
超硬材料	立方氮化硼	用其制作的刀具适合耐热钢、高锰钢、不锈钢及高级合金钢等难加工钢材的精加工、半精加工，也适合一般钢材和铸铁及有色金属的加工
	金刚石	

表 A-2 常用金属材料速查表

类别		牌号	主要用途
黑色金属	碳素钢	Q215	用于制造铆钉、开口销及冲压零件和焊接构件
		Q195	
		Q235	用于制造螺栓、螺母、拉杆、连杆及建筑、桥梁结构件
		Q255	
		Q275	用于制造强度较高的转轴、心轴、齿轮等
		Q345	用于制造船舶、桥梁、车辆、大形钢结构
		08 钢	含碳量低，塑性好，主要用于制造冷冲压零件
		10 钢	用于制造冲压件和焊接件，也常用于制造渗碳件
		20 钢	
		35 钢	在机械制造中应用非常广泛，属中碳钢，经热处理后可获得良好的综合力学性能，主要用于制造齿轮、套筒、轴类零件等
		40 钢	
		45 钢	
		50 钢	

续表

类别		牌　　号	主 要 用 途
黑色金属	合金钢	09MnNb	属低合金结构钢，用于制造桥梁、车辆、锅炉、油罐、建筑结构和化工容器等
		16Mn	
		15MnTi	
		14MnVTiRe	用于制造大形船舶、重要桥梁、电站设备及锅炉、化工、石油等工业中的高压容器
		14MnMoV	
		18MnNb	
		14CrMnMoVB	
		20Cr	用于制造渗碳小齿轮、小轴、活塞销等
		20MnV	
		20CrMnTi	用于制造汽车、拖拉机上的齿轮
		18Cr2Ni4WA	用于制造大形渗碳齿轮和轴类件
		15CrMn2SiMo	
		20Cr2Ni4A	
		40MnB	用于制造重要调质件，如主轴、曲轴、连杆和齿轮等机械零件
		40Cr	
		35CrMo	
		40CrMnMo	
		65Mn	属弹簧钢，主要用于制造截面小于 25 mm 的弹簧，如车箱板簧和机车板簧、扭杆簧等
		60Si2Mn	
		GCr15	属轴承钢，主要用于制造滚动轴承的内圈、外圈和滚动体，也可用于制造冷冲模、冷轧辊等
		GsiMnMoV	
		CrWMn	用于制造测量工具，如卡尺、千分尺、量规等
		CrMn	
		9Mn2V	
		W18Cr4V	用于制造高速切削的刃具，如钻头、铣刀、滚刀、拉刀、铰刀、车刀等
		W6Mo5C4V2	
		5CrMnMo	属热模具钢，用于制造热锻模、热压模、压铸模等
		3Cr2W8V	
		Cr12	属冷模具钢，用于制造冷冲模具、冷切剪刀具等
		Cr12MoV	
		1Cr13	属马氏体不锈钢，用于制造抗弱腐蚀性介质并承受冲击载荷的零件，还可用来制造具有较高硬度和耐磨性的医疗工具等
		2Cr13	
		3Cr13	
		4Cr13	
		1Cr18Ni9	属奥氏体不锈钢，用于制造耐硝酸、冷磷酸、有机酸及盐、碱溶液腐蚀的设备零件
		1Cr18Ni9Ti	

续表

<table>
<tr><th colspan="2">类别</th><th>牌　　号</th><th>主 要 用 途</th></tr>
<tr><td rowspan="12">黑色金属</td><td rowspan="3">合金钢</td><td>Mn13</td><td>属耐磨钢,用于制造拖拉机链轨板、挖掘机铲齿、球磨机衬板、铁路道岔等</td></tr>
<tr><td>15CrMo</td><td rowspan="2">属耐热钢,用于制造在高温下工作的零件或构件</td></tr>
<tr><td>4Cr10Si2Mo</td></tr>
<tr><td rowspan="5">灰口铸铁</td><td>HT100</td><td rowspan="5">用于制造承受压力的床身、箱体、机座、导轨等零件</td></tr>
<tr><td>HT150</td></tr>
<tr><td>HT200</td></tr>
<tr><td>HT250</td></tr>
<tr><td>HT300</td></tr>
<tr><td rowspan="2">可锻铸铁</td><td>KTH350-10</td><td rowspan="2">用于制造一些形状比较复杂,而且在工作中承受一定冲击载荷的薄壁小形零件,如管接头、农具等</td></tr>
<tr><td>KTZ550-04</td></tr>
<tr><td rowspan="2">球墨铸铁</td><td>QT300</td><td rowspan="2">用于制造受力较复杂、负荷较大的机械零件,如曲轴、连杆、齿轮、凸轮轴等</td></tr>
<tr><td>QT400-17</td></tr>
<tr><td rowspan="5">有色金属</td><td rowspan="3">铜</td><td>紫铜</td><td>紫铜是工业纯铜,用于电气工业,可用于制造电机短路环、电磁加热感应器、大功率电子元件等</td></tr>
<tr><td>黄铜</td><td>由铜和锌所组成的合金,常用于制造阀门、水管、空调内外机连接管和散热器等</td></tr>
<tr><td>白铜</td><td>以镍为主要添加元素的铜基合金,呈银白色,有金属光泽,用于制造晶体振荡元件外壳、晶体壳体、电位器用滑动片、医疗机械等</td></tr>
<tr><td rowspan="2">铝</td><td>铝合金</td><td>在航空、航天、汽车、机械制造、船舶及化学工业中大量应用</td></tr>
<tr><td>铸造铝合金</td><td>广泛应用于型腔等成形件</td></tr>
</table>

附录 B

常用螺纹规格尺寸速查表

表 B-1　公制外螺纹(6g)常用规格极限尺寸表(粗牙)

公称直径×螺距	螺纹精度等级	大径		中径		小径	螺坯直径	
		最大	最小	最大	最小	最大	最小	最大
M3×0.5	6g	2.980	2.874	2.655	2.580	2.439	2.60	2.63
M4×0.7		3.978	3.838	3.523	3.433	3.220	3.47	3.50
M5×0.8		4.976	4.826	4.456	4.361	4.110	4.40	4.43
M6×1		5.974	5.794	5.324	5.212	4.891	5.26	5.29
M8×1.25		7.972	7.760	7.160	7.042	6.619	7.10	7.14
M10×1.5		9.968	9.732	8.994	8.862	8.344	8.92	8.96
M12×1.75		11.966	11.701	10.829	10.679	10.072	10.75	10.79
M14×2		13.962	13.682	12.663	12.503	11.797	12.57	12.62
M16×2		15.962	15.682	14.663	14.503	13.797	14.57	14.62
M18×2.5		17.958	17.623	16.334	16.164	15.252	16.24	16.29
M20×2.5		19.958	19.623	18.334	18.164	17.252	18.24	18.29
M22×2.5		21.958	21.623	20.334	20.164	19.252	20.24	20.29
M24×3		23.952	23.577	22.003	21.803	20.704	21.89	21.95
M27×3		26.952	26.577	25.003	24.803	23.704	24.89	24.95

表 B-2　公制外螺纹(6g)常用规格极限尺寸表(细牙)

公称直径×螺距	螺纹精度等级	大径		中径		小径	螺坯直径	
		最大	最小	最大	最小	最大	最小	最大
M3×0.35	6g	2.981	2.896	2.754	2.687	2.602	2.71	2.73
M4×0.5		3.980	3.874	3.655	3.580	3.439	3.60	3.63

续表

公称直径×螺距	螺纹精度等级	大径		中径		小径	螺坯直径	
		最大	最小	最大	最小	最大	最小	最大
M5×0.5	6g	4.980	4.874	4.655	4.580	4.439	4.60	4.63
M6×0.75		5.978	5.838	5.491	5.391	5.166	5.42	5.46
M8×0.75		7.978	7.838	7.491	7.391	7.166	7.42	7.46
M8×1		7.974	7.794	7.324	7.212	6.891	7.26	7.29
M10×0.75		9.978	9.838	9.491	9.391	9.166	9.42	9.46
M10×1		9.974	9.794	9.324	9.212	8.891	9.26	9.29
M10×1.25		9.972	9.760	9.160	9.042	8.619	9.08	9.12
M12×1		11.974	11.794	11.324	11.206	10.891	11.25	11.29
M12×1.25		11.972	11.760	11.160	11.028	10.619	11.08	11.12
M12×1.5		11.968	11.732	10.994	10.854	10.342	10.91	10.95
M14×1		13.974	13.794	13.324	13.206	12.891	13.25	13.29
M14×1.5		13.968	13.732	12.994	12.854	12.344	12.91	12.95
M16×1		15.974	15.794	15.324	15.206	14.891	15.25	15.29
M16×1.5		15.968	15.732	14.994	14.854	14.344	14.90	14.95
M18×1		17.974	17.794	17.324	17.206	16.891	17.25	17.29
M18×1.5		17.968	17.732	16.994	16.854	16.334	16.90	16.95
M18×2		17.962	17.682	16.663	16.503	15.797	16.58	16.62
M20×1		19.974	19.794	19.324	19.206	18.891	19.24	19.29
M20×1.5		19.968	19.732	18.994	18.854	18.344	18.90	18.95
M20×2		19.962	19.682	18.663	18.503	17.797	18.57	18.62
M22×1		21.974	21.794	21.324	21.206	20.891	21.24	21.29
M22×1.5		21.968	21.732	20.994	20.854	20.344	20.95	20.90
M22×2		21.962	21.682	20.663	20.503	19.797	20.57	20.62
M24×1		23.974	23.794	23.324	23.199	22.891	23.23	23.29
M24×1.5		23.968	23.732	22.994	22.844	22.344	22.89	22.95
M24×2		23.962	23.682	22.663	22.493	21.797	22.57	22.62
M27×1		26.974	26.794	26.324	26.199	25.891	26.23	26.29
M27×1.5		26.968	26.732	25.944	25.844	25.344	25.89	25.95
M27×2		26.962	26.682	25.663	25.493	24.797	25.56	25.62

表 B-3 公制内螺纹(6H)常用规格极限尺寸表(粗牙)

公称直径×螺距	螺纹精度等级	大径	中径		小径		攻丝前钻头直径
		最小	最大	最小	最大	最小	
M3×0.5	6H	3.000	2.775	2.675	2.599	2.459	2.50
M4×0.7		4.000	3.663	3.545	3.422	3.242	3.30
M5×0.8		5.000	4.605	4.480	4.334	4.134	4.20
M6×1		6.000	5.500	5.350	5.153	4.917	5.00
M8×1.25		8.000	7.348	7.188	6.912	6.647	6.80
M10×1.5		10.000	9.206	9.026	8.676	8.376	8.50
M12×1.75		12.000	11.063	10.863	10.441	10.106	10.20
M14×2		14.000	12.913	12.701	12.210	11.835	12.00
M16×2		16.000	14.913	14.701	14.210	13.835	14.00
M18×2.5		18.000	16.600	16.376	15.744	15.294	15.50
M20×2.5		20.000	18.600	18.376	17.744	17.294	17.50
M22×2.5		22.000	20.600	20.376	19.744	19.294	19.50
M24×3		24.000	22.316	22.051	21.252	20.752	21.00
M27×3		27.000	25.316	25.051	24.252	23.752	24.00

表 B-4 公制内螺纹(6H)常用规格极限尺寸表(细牙)

公称直径×螺距	螺纹精度等级	大径	中径		小径		攻丝前钻头直径
		最小	最大	最小	最大	最小	
M3×0.35	6H	3.000	2.863	2.773	2.721	2.621	2.65
M4×0.5		4.000	3.775	3.675	3.559	3.459	3.50
M5×0.5		5.000	4.775	4.675	4.599	4.459	4.50
M6×0.75		6.000	5.645	5.513	5.378	5.188	5.20
M8×0.75		8.000	7.645	7.513	7.378	7.188	7.20
M8×1		8.000	7.500	7.350	7.153	6.917	7.00
M10×0.75		10.000	9.645	9.513	9.378	9.188	9.20
M10×1		10.000	8.500	9.350	9.153	8.917	9.00
M10×1.25		10.000	9.348	9.188	8.912	8.647	8.80
M12×1		12.000	11.510	11.350	11.153	10.917	11.00
M12×1.25		12.000	11.368	11.188	10.912	10.647	10.80
M12×1.5		12.000	11.216	11.026	10.676	10.376	10.50
M14×1		14.000	13.510	13.350	13.153	12.917	13.00

续表

公称直径×螺距	螺纹精度等级	大径	中径		小径		攻丝前钻头直径
		最小	最大	最小	最大	最小	
M14×1.5	6H	14.000	13.216	13.026	12.676	12.376	12.50
M16×1		16.000	15.510	15.350	15.153	14.917	15.00
M16×1.5		16.000	15.216	15.026	14.676	14.376	14.50
M18×1		18.000	17.510	17.350	17.153	16.917	17.00
M18×1.5		18.000	17.216	17.026	16.676	16.376	16.50
M18×2		18.000	16.913	16.701	16.210	15.835	16.00
M20×1		20.000	19.510	19.350	19.153	18.917	19.00
M20×1.5		20.000	19.216	19.026	18.676	18.376	18.50
M20×2		20.000	18.913	18.701	18.210	17.835	18.00
M22×1		22.000	21.510	21.350	21.153	20.917	21.00
M22×1.5		22.000	21.216	21.026	20.676	20.376	20.50
M22×2		22.000	20.913	20.701	20.210	19.835	20.00
M24×1		24.000	25.520	23.350	23.153	22.917	23.00
M24×1.5		24.000	23.226	23.026	22.676	22.376	22.50
M24×2		24.000	22.925	22.701	22.210	21.835	22.00
M27×1		27.000	26.520	26.350	26.153	25.917	26.00
M27×1.5		27.000	26.226	26.026	25.676	25.376	25.50
M27×2		27.000	25.925	25.701	25.210	24.835	25.00

附录 C

广数系统指令集

1. GSK980Ta 功能列表代码组别意义及格式

(1) G00——快速定位指令，格式如下：

```
G00 X(U)_ Z(W) _
```

(2) G01——直线插补指令，格式如下：

```
G01 X(U)_ Z(W) _ F_
```

(3) G02——圆弧插补(顺时针方向 CW)指令，格式如下：

```
G02 X_ Z_ R_ F_ 或 G02 X_ Z_ I_ K_ F_
```

(4) G03——圆弧插补(逆时针方向 CCW)指令，格式如下：

```
G03 X_ Z_ R_ F_ 或 G03 X_ Z_ I_ K_ F_
```

(5) G04——暂停指令，格式如下：

```
G04 P_;(单位:0.001 s)
G04 X_;(单位:s)
G04 U_;(单位:s)
```

(6) G28——自动返回机械原点指令，格式如下：

```
G28 X(U)_ Z(W) _
```

(7) G32——切螺纹指令，格式如下：

```
G32 X(U)_ Z(W)_ F_(公制螺纹)
G32 X(U)_ Z(W)_ I_(英制螺纹)
```

(8) G50——坐标系设定指令，格式如下：

```
G50 X(x) Z(z)
```

(9) G70——精加工循环指令，格式如下：

```
G70 P(ns) Q(nf)
```

(10) G71——外圆粗车循环指令,格式如下:

```
G71 U(ΔD) R(E) F(F)
G71 P(NS) Q(NF) U(ΔU) W(ΔW) S(S) T(T)
```

(11) G72——端面粗车循环指令,格式如下:

```
G72 W(ΔD) R(E) F(F)
G72 P(NS) Q(NF) U(ΔU) W(ΔW) S(S) T(T)
```

(12) G73——封闭切削循环指令,格式如下:

```
G73 U(ΔI) W(ΔK) R(D) F(F)
G73 P(NS) Q(NF) U(ΔU) W(ΔW) S(S) T(T)
```

(13) G74——端面深孔加工循环指令,格式如下:

```
G74 R(e)
G74 X(U) Z(W) P(Δi) Q(Δk) R(Δd) F(f)
```

(14) G75——外圆、内圆切槽循环指令,格式如下:

```
G75 R(e)
G75 X(U) Z(W) P(Δi) Q(Δk) R(Δd) F(f)
```

(15) G76——复合型螺纹切削循环指令,格式如下:

```
G76 P(m)(r)(a) Q(Δdmin) R(d)
G76 X(U) Z(W) R(i) P(k) Q(Δd) F(L)
```

(16) G91——外圆、内圆车削循环指令,格式如下:

```
G90 X(U)_ Z(W)_ R_ F_
```

(17) G92——螺纹切削循环指令,格式如下:

```
G92 X(U)_ Z(W)_ F_ (公制螺纹)
G92 X(U)_ Z(W)_ I_ (英制螺纹)
```

(18) G92——螺纹切削循环指令,格式如下:

```
G92 X(U)_ Z(W)_ F_ J_ K_ L_; (公制圆柱螺纹切削循环)
G92 X(U)_ Z(W)_ I_ J_ K_ L_; (英制圆柱螺纹切削循环)
G92 X(U)_ Z(W)_ R_ F_ J_ K_ L_; (公制圆锥螺纹切削循环)
G92 X(U)_ Z(W)_ R_ I_ J_ K_ L_; (英制圆锥螺纹切削循环)
```

指令功能:从切削起点开始,进行径向(X 轴)进刀、轴向(Z 轴或 X、Z 轴同时)切削,实现等螺距的圆柱螺纹、圆锥螺纹切削循环。执行 G92 指令,在螺纹加工未端有螺纹退尾过程:在距离螺纹切削终点固定长度(称为螺纹的退尾长度)处,在 Z 轴继续进行螺纹插补的同时,X 轴沿退刀方向呈指数或线性(由参数设置)加速退出;Z 轴到达切削终点后,X 轴再以快速移动速度退刀。

指令说明:G92 为模态 G 指令。

切削起点:螺纹插补的起始位置。

切削终点:螺纹插补的结束位置。

X:切削终点 X 轴绝对坐标,单位为 mm。

U:切削终点与起点 X 轴绝对坐标的差值,单位为 mm。

Z:切削终点 Z 轴绝对坐标,单位为 mm。

W:切削终点与起点 Z 轴绝对坐标的差值,单位为 mm。

R:切削起点与切削终点 X 轴绝对坐标的差值(半径值),当 R 与 U 的符号不一致时,要求 $|R| \leqslant |U/2|$,单位为 mm。

F:公制螺纹螺距,取值范围为 0.001~500 mm,F 指令值执行后保持,可省略输入。

I:英制螺纹每英寸牙数,取值范围为 0.06~25400 牙/英寸,I 指令值执行后保持,可省略输入。

J:螺纹退尾时在短轴方向的移动量,取值范围为 0~9999.999(单位为 mm),不带方向(根据程序起点位置自动确定退尾方向),是模态参数;如果短轴是 X 轴,则该值为半径指定。

(19) G94——端面车削循环指令,格式如下:

```
G94 X(U)_Z(W)_F_
```

(20) G98——每分钟进给指令,格式略。

(21) G99——每转进给指令,格式略。

2. GSK980T M 功能列表代码意义

(1) M00——程序暂停,按“循环起动”程序继续执行。

(2) M01——程序计划停止。

(3) M02——程序结束。

(4) M03——主轴正转。

(5) M04——主轴反转。

(6) M05——主轴停止。

(7) M08——冷却液开。

(8) M09——冷却液关。

(9) M30——程序结束,并返回程序起点。

(10) M98——子程序调用 M98 Pxxxxnnnn。

(11) M99——子程序结束。

参考文献

[1] 崔兆华.数控车床加工工艺与编程操作[M].江苏:江苏教育出版社,2010.
[2] 王素艳.数控车床编程与操作[M].武汉:华中科技大学出版社,2018.
[3] 胡育辉.数控机床编程技术[M].成都:西南交通大学出版社,2006.